砺智石丛书

好玩的"折"学
解析折纸中的数学原理

常文武　著

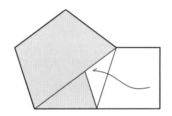

上海科学技术出版社

图书在版编目（ＣＩＰ）数据

好玩的"折"学：解析折纸中的数学原理 / 常文武
著. -- 上海：上海科学技术出版社，2023.6
（砺智石丛书）
ISBN 978-7-5478-6225-4

Ⅰ. ①好… Ⅱ. ①常… Ⅲ. ①数学—普及读物 Ⅳ.
①O1-49

中国国家版本馆CIP数据核字(2023)第111029号

好玩的"折"学：解析折纸中的数学原理

常文武　著

上海世纪出版（集团）有限公司
上海 科 学 技 术 出 版 社　出版、发行
（上海市闵行区号景路 159 弄 A 座 9F–10F）
邮政编码 201101　　www.sstp.cn
上海盛通时代印刷有限公司印刷
开本 787×1092　1/16　印张 9
字数 125 千字
2023 年 6 月第 1 版　2023 年 6 月第 1 次印刷
ISBN 978–7–5478–6225–4/O · 117
定价：78.00 元

在游戏中培养 STEM 思维

　　游戏是儿童健康成长所必要的生活内容之一。儿童的世界有别于成人现实的世界，儿童在游戏中模拟想象成人的世界，从中学习各种各样的技能与知识。佛莱登塔尔数学学习理论认为，人们的数学知识应该来自生活的周遭世界，即环境，流向大脑的加工系统，达到提炼为系统的知识。素材先从四面八方的环境中汇聚到大脑里，提供给人以思考的素材，再通过大脑加工，垂直提升到一定高度的累积，最终在人的大脑里形成数学的知识。

　　其实人类的学科知识的积累过程都不过如此。我们教育工作者应该是提供或等待素材集聚到孩子们的大脑面前时，才来启动"电梯"，带领他们垂直提升到数学的知识殿堂。如果没有聚齐各种素材到"电梯"门口，"电梯"就只能一趟趟空跑，白忙一通。

　　游戏就是孩子们成长中最常见的情境之一，也就是环境。一个设计得好的游戏，不但可以成为孩子们数学学习的好素材，也是学习跨学科知识和技能的良好环境。游戏的学习会为孩子们积累更加丰富的 STEM 的素养。STEM 是科学（Science），技术（Technology），工程（Enginerring），数学（Mathematics）四门学科英文首字母的缩写，代表着思维技能和解决问题的能力。

　　在折纸这项孩子们喜闻乐见的活动中，手部的精细动作是需要配合大脑的指令来完成的。孩子们希望得到一个令自己满意的作品，就需要不断尝试改进动作的精细度，需要思考折纸效果不尽如人意的问题所在。

当一个孩子翻开一本吉泽章的折纸书（图1），他也许会被"跷跷板"这个作品吸引，会跃跃欲试找纸来试一试。这就是人与环境的第一次交手，环境送来了学习的素材。

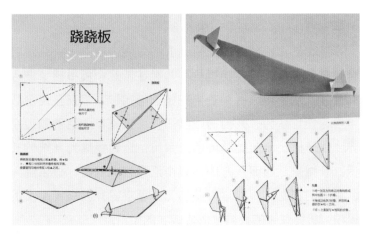

图 1

如果孩子想要折出跷跷板作品，就要试图理解图解中的符号和动作指引。甚至需要对各种图示进行数学思考。例如把折叠示意图中的箭头视为动作的起止点，箭头横跨的虚线视为折痕位置，并且理解为是起止线之间的正中间的那条线。

孩子经过一番试错式的尝试，终于实现了一条线到另一条线的折叠，也在头脑中形成角的平分线的知识内化，因为这里有思考的素材：对折后重合意味着折痕两侧图形的相等，提炼出来的数学知识是——角分线是角的对称轴。同时，孩子在折这个作品时，为了对齐要小心地试验手中纸的边缘的位置，直到对齐时停下来。这个过程是手部肌肉动作、眼部观察以及大脑综合判断的历程，是一项折纸工程，也是工程与数学结合的活动。他还会努力理解那些符号，在大脑中翻译并转化为动作。这个过程就是在建构自己数学甚至 STEM 知识体系。孩子未必意识到这些，但不影响他能慢慢提升自己的理解力和操作能力。

一旦能够折出这个作品，并且玩得很开心，孩子一定还会想象自己就是坐着跷跷板一端的小朋友。这个过程带来情感的正反馈，会激发他日后从事更多 STEM 活动的兴趣。

切换到另一个场景：一个念小学的小朋友得到了一个数字天平的玩具（图 2）。他会怎么去探索呢？

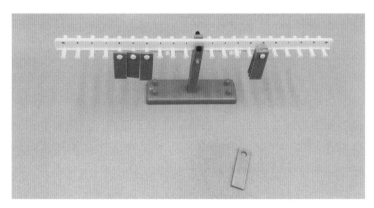

图 2

打开包装后，小朋友要根据说明书来组装这个天平。需要找到图示中的各种配件实物，再根据示意图所指引的流程——组装底座、垂直支架、水平杆、平衡砝码。

待天平组装完成就绪，就要来测试天平的各种功能和玩法了。

除了探索 2+4=6 这样的算式，他会考虑 2×3=6 的算式。也会考虑，5=□+3 中框内该是几。或计算 13÷4=3……中的余数。

这个生活化的情景提供了孩子探索数学的素材，认识了方程，了解了等式乃至不等式的性质。这就是先有生活后有数学的道理。

如果幸运的情况发生，一个同时拥有吉泽章的书和天平的孩子会想，吉泽章的跷跷板若能改造成类似这个天平的样子，用来玩是不是更有趣些呢？这个想法也许需要某些创造性的思维，不过笔者恰好认为，见多识广是某些灵感水到渠成涌现的必要条件。

现在就来认真考虑一下这个想法。

需要考虑支点不稳容易分开，天平可承受的力不够大，没有刻度和小型等值砝码等问题。这个列表因人而异，也许还可能更长些。这些问题有的是涉及力学，有的是涉及纸结构、材料等领域。所以其实这个是一个跨学科的 STEM 项目。

当所有问题都解决之后，小朋友会得意地展示解决问题的创造性所在：小小的曲别针代替了砝码，跷跷板的底部变得细长了，上部加了刻度条，支点变成了吊带所穿过的眼。一个完美又经济的 DIY 作品诞生了（图 3）。

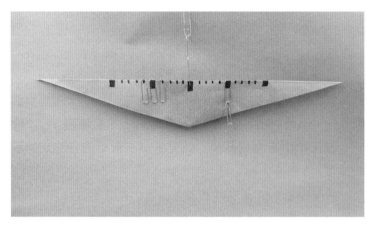

图 3

当然这个创意是笔者的思维成果。可以把它当作教师开展此类探究活动的一个课程设计内容。

这里创造性地思维体现在：①绕开支点在下的多个缺点，以洞眼替代；②曲别针代替吉泽章里的纸折小朋友，便于确定位置和挂多个砝码。

这个玩法把折纸游戏与代数运算的游戏联系起来，成为一个探索比例，方程和整数四则运算的好案例。佛莱登塔尔的水平面数学到垂直升高的数学相得益彰了。

玩具也可以带给我们 STEM 的体验。笔者和一位幼儿教育机构的老师谈及折纸产生多面体结构时，她自然就想到了用磁力片或磁力棒实现同一结构。这是一种拼搭的玩具，通过想象和实际操作，就可以搭出各种立体几何图形，如图 4 所示的便是一种拼搭玩具。

图 4

我们之间的谈话就围绕这样的桁架结构展开。

这是常见于机场、车站顶部的钢架支撑。但孩子们搭出这个结构来模拟工程设计是不是很值得赞赏？笔者认为一方面值得夸赞孩子的工程师天赋，另一方面一场关于 STEM 的讨论时机也来到了！

可以先向孩子提问："你搭出的这个结构是什么形状的？"通过这个问题引导孩子认识正四面体。最终确认正四面体是由四个正三角形组成的立体图形。

接着，类比地让孩子回答："里面还关着一个什么图形呢？"希望孩子能够正确地命名它为一个正八面体。

再问，显然是复习刚才的定义，"在正八面体之外的四个尖角处还藏有什么立体图形呢？"孩子不难回答道，是四个小一些的正四面体。

最后，老师或家长可以总结，一个正八面体和 4 个正四面体可以拼合成一个大的正四面体。这说明了，正八面体和正四面体可以默契配合，形成新的平面。

还可以通过活动设计加强这个模糊的结果。

● 搭正八面体与一个正四面体的拼合结构，问，"它是几面体？"

● 在上面结构的八面体面上增加一个四面体，问，"有几种可能结果，它们各是几面体？"

● 继续在原八面体面上增加四面体，问，"新的结构是几面体？"

● 搭正八面体与四个正四面体的最简单结构——面数最少的结构，问，"最简单结构是几面体？"

以上一系列的活动设计是根据佛莱登塔尔的理论，从生活实践出发构建思维素材达到高层次数学知识的垂直提升。当孩子们得到结论，正四面与正八面体的融合是面数在不断减少的过程，就自然概括出随着四面体的加入，总面数会从 8 个递减到最少 4 个。

从搭建结构除了可以体会数学味道之外，还有物理的现象可以揭示。例如我们可以搭建下面这个不倒的悬浮体（图 5）。

这是一个用 8 根塑料吸管和 8 个"三爪"

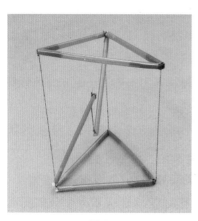

图 5

连接件组成的结构。作为一个魔幻般的违反常理的存在，它显得非常酷，对孩子们颇有吸引力。要搭建出这个结构体对于孩子们来说，难度在于需要有复杂地调节细线长度的过程。

可以先行观察成人搭建的过程，再让他们通过试错法找到搭建的方案。这也比较容易想到的，先模仿再根据实际情况来调整平衡是科学实验的思路。那么这个搭建过程可以学到什么呢？显然结构背后隐藏着力矩平衡的科学原理，这有待物理课相关的知识介绍后才能彻底弄明白。不过这个不影响孩子们从中体会像走钢丝那样微妙的平衡。按照佛莱登塔尔理论，发现问题将其数学化，提出相关的数学化的问题本身就是学习。

不妨为孩子们总结一下这个搭建过程或许可以思考的问题列表。

- 为何这个装置能稳定不倒？
- 细线一定要都拉紧吗？是否有的细线不是必要的？
- 悬浮体还可以有什么形状？例如圆形可以吗？
- 这个装置可以用来做什么？

关于这个结构，有个学名叫"张拉结构"。已经有建筑应用"张拉结构"来建造了。韩国的一个体操馆的穹顶就用了"张拉结构"来节省钢材的使用，从而降低了建造成本。同时"张拉结构"也是大学力学系师生的研究课题。有国外报道称，有人设计了利用细绳和木棍搭建"张拉结构"形成供人行走的桥。

最后我们来谈谈一个在游戏中运用分类枚举方法来求解问题的例子。

拼图是孩子们喜欢的一种单人或多人游戏。中国的七巧板是这类游戏中的经典。计算用一套七巧板拼凸的多边形的种类，曾经有数学家研究过，不计算镜像对称的重复图形的话，总共只有 13 种。显然证明只有 13 种比找出 13 种图形的拼法是更加难的问题。但是如果我们把 13 中图形中的一类单独摘出来供孩子们探索就变得可行多了。这对于培养孩子们的逻辑思维和推理能力都大有裨益。

创设情境：有一列每节车厢都是七巧板独立拼出的凸图形列车，现在七巧列车要编组穿越一条狭长的隧道，隧道的高度只相当于大三角形的直角边，或两个正方形叠起来的高度。作为一名车辆调度员，你需要从已知的 13 种凸多边形中选取不同形状的车厢来编组。你能组成一列最长有多长的列车呢？

这个问题的求解需要将以上这些凸图形重新按照最低的高度分类，挑选出高度恰为大三角形直角边的图形（图 6）。为此，孩子们首先要把每一种凸图形拼出来，一一检视它的最低高度。这是一种操作加分类和枚举解决问题的过程。但是为了当好调度员，不至于让火车在穿越隧道时遇阻，他们就很乐意开展工作了。

图 6

图 7 显示的网格有助于发现每个图形的高度，其中平行四边形、等腰梯形、长方形等绿色的 5 块是高度为 2 的，可以编入列车的编组内。而黄色的两块高度略高于大三角

形的直角边长，不能入编。正确的答案是，这趟列车编组就是 5 节。

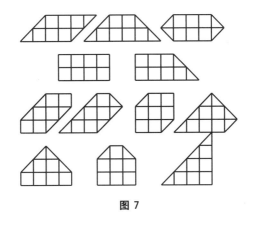

图 7

综上所述，孩子在游戏中尝试的外在和内在的活动包括做工（工程）、技艺（技术）、理解（科学）、计算（数学）等。这些综合性的活动对于他们日后成长中去感知客观世界的五彩缤纷和真实可信性是大有益处，也能唤起他们迎接未来挑战各种难题的信心。教师或家长在其中所起的作用是：

● 创设环境，提供必要的条件。
● 提出并引导探索问题。
● 与他们展开平等的讨论。
● 鼓励他们尝试各种方法来解决问题。
● 当好他们的玩伴和助手。

我们所处的时代是知识爆炸的时代，这个世界的信息在急剧增多令人应接不暇。人类适应这个变化唯有更强的大脑而不是更多的脑容量；更强地处理信息做出正确判断的能力，是跨学科解决问题的能力。有鉴于此，我们的教育要适应这个变化，提供学生更多适应和养成 21 世纪新技能的机会。

目 录

PART 1

虎皮鹦鹉书签

PART 2

黄金比、黄金三角形与五角星

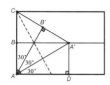

PART 3

化圆为方、三等分任意角、倍立方体

PART 4

折来折去的乐趣

PART 5

纸条上的数学

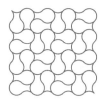

PART 6

剪拼、割补、镶嵌及其他

PART 7

再谈五角星

PART 8

鳖臑、阳马和堑堵

PART 9

萨默维尔四面体

PART 10

1/ $\sqrt[4]{3}$ 与杜登尼切割

PART 11

从八角金盘的对称美谈起

PART 12

1/6 正方体与第 3 种吉本魔方

PART 1

虎皮鹦鹉书签

　　首先，折纸受人喜爱，原因之一就是它材料容易获取，而且徒手就可完成。其次，折纸还让人能够随时即兴创作，从而通过双手的动作激发大脑中的灵感。

　　书签是一种常见的文化用品，有各式各样的外观和材质，种类繁多。本文教读者以一枚双色纸通过折纸工艺产生个性化的书签。原作者是日本的折纸艺术家川烟文昭。作品的外观是双色相间的斑驳色块，外形宛若鹦鹉的平面图形。它不但能担当记录读书进程的功能，还有防止书本滑落和陷入的优点。更绝的是，它可以引发人们思考许多数学问题，成为教育工作者的教学素材和读者爱不释手的身边小配件。

　　本文先介绍已有的作品，再作一番改进变化。让我们开始一次艺术与数学的探索旅行吧！

1

折出虎皮鹦鹉书签

步骤

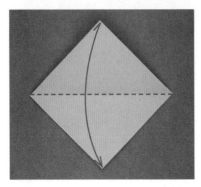

步骤 **1**　将正方形的双色纸彩色面朝上，上下对折对角后打开。左右翻面。

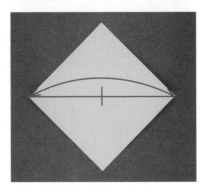

步骤 **2**　对折纸的左右对角，产生中间一小段折痕后打开，交叉点为纸面的中心。

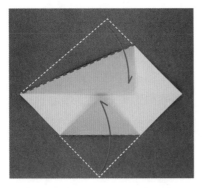

步骤 **3**　将下面角向上翻折到中心点，将左上边与水平对角线对合折叠。

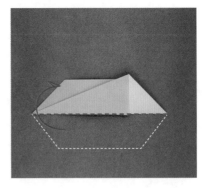

步骤 **4**　将下面的梯形向后翻折到上面纸的背后，形成一个近似梯形的图案。

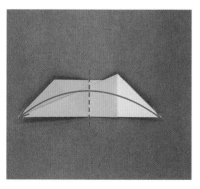

步骤 5 左右对折产生中轴线，打开。

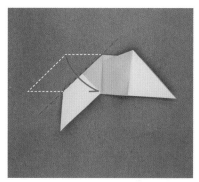

步骤 6 将左上角对齐中轴线下端点向前折叠。注意翻过来的平行四边形纸面上有一个新的白色梯形和一个蓝色的等腰直角三角形。

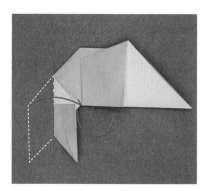

步骤 7 将白色梯形的钝角顶点与对角对合折叠。注意翻过来的平行四边形纸面上有一个蓝色梯形和一个白色的等腰直角三角形。

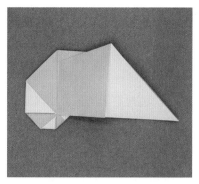

步骤 8 重复以上第6～7步两次，将最后的尖角藏到背后别住，形成自锁效果。

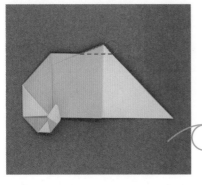

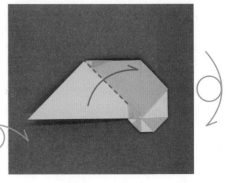

步骤 9 将上部突出的尖角折到背后，翻转纸面。

步骤 10 沿着最上层纸的边缘，将左边纸面向上折叠，上下翻转纸面。

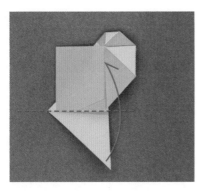

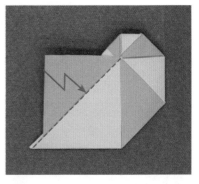

步骤 11 沿着最上层纸的边缘，将左边纸面向上折叠。

步骤 12 将左上方三角形插入口袋中，自锁。作品完成。

书签的使用

活动 **2**

如右图，利用弯到后面的细小尖端勾住需要插入的一页上方，合上书即可。根据露出的部分可以很快找到该页位置，打开继续工作。

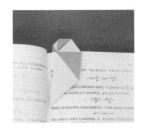

数学探究

问题 1：设图中正方形的纸边长为 16，用它折出的鹦鹉书签如右图摆放并建立平面直角坐标系。鹦鹉书签上 A 点的坐标是多少？

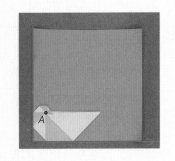

解答：根据折纸的过程可知，最大的白色三角形斜边长为纸宽的一半，也就是 8，所以 A 的纵坐标为 4，横坐标为 2。所以点 A 的坐标表示为（2，4）。

问题 2：图中的白色三角形的直角指向有一定规律，如果把这样的图案规律发展下去，问第 2022 个白色直角三角形的方向是朝着什么方向？

解答：向上。白色直角三角形的方向规律是以 4 为周期。因为 2022 是除以 4 余 2 的数，所以第 2022 个白色直角三角形的方向相当于第二个白色的直角三角形朝向。

问题 3：图中的白色三角形斜边上的高有怎样的规律？

解答：白色的直角三角形的高具有不断翻倍的规律，它们形成以 2 为公比的等比数列。

虎皮鹦鹉书签

折法变化探究

此作品的用纸限于是正方形，所以在翻色和自锁上需要一定的折纸技法。如果用3：4的长方形纸来折这个作品，可以较为省事些。

步骤

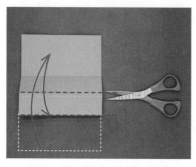

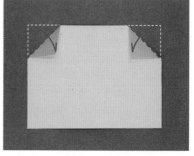

步骤 **1** 将正方形纸下边缘对齐上边缘折叠，再反向折向折痕边，沿最后折痕线剪开，左右翻转纸面展开。

步骤 **2** 分别将左上角和右上角折向折痕线，然后沿该折痕折起。

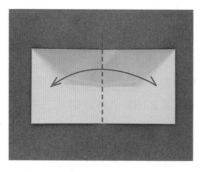

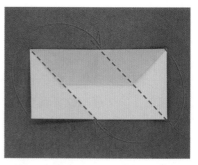

步骤 **3** 将纸面左右对折后打开。

步骤 **4** 分别将左上角和右上角折向折痕线，然后沿该折痕折起。

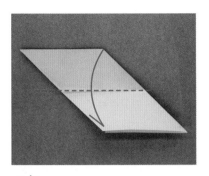

步骤 **5** 上下对折。

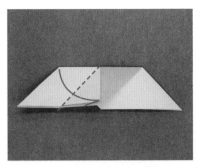

步骤 **6** 重复前文步骤的第 6～9 步。完成作品。

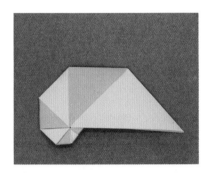

步骤 **7** 完成图。

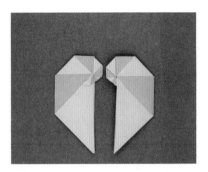

步骤 **8** 两种鹦鹉书签折法成品图。

课后反思

数学折纸充满了问题解决的真实情景，本文就是在折作品的过程中自然而然提出了一系列的数学和技术问题，并且给出了解答。原来的折纸设计者川烟文昭的创作意图是怎样的呢？

PART 2

黄金比、黄金三角形与五角星

黄金比 ϕ 是一个广为人知的数学名词，它的知名度超过了应用更广泛的白银比（$\sqrt{2}:1$）。究竟它是怎样的一个数值，它又为何叫作黄金比呢？本文将从这里出发，探寻与之相关的若干有趣的折纸问题。

认识黄金比

在数学上，如果线段 *AB* 上的一个点 *G* 把 *AB* 分为两段 *AG* 与 *GB*，它们之间的比（长比短）*AG*∶*GB* 刚好等于 *AB*∶*AG*，那么这个比就叫黄金比，记为 ϕ。

记 *AG* = *a*，*GB* = *b*，*AB* = *a* + *b*，由定义可确立下面比例式：

$$(a+b) : a = a : b。$$

用黄金比专用的符号 ϕ 表示 *a*∶*b*，上面的等式等价于

$$1 + 1/\phi = \phi \text{ 或 } \phi^2 - \phi - 1 = 0。$$

解此一元二次方程，得到黄金比的真值为：$\phi = \dfrac{\sqrt{5}+1}{2}$（另一个根因小于 1 舍去），它约等于 1.618。

传统的作图法

那么，这个比为何得到这么好听的一个名字呢？

简单说来，道理就在于黄金比无论在自然界还是在人类艺术作品中都有其身影，是一个完美的比例关系，拥有这个比例关系就像拥有高贵的黄金一样。

了解了黄金比的真实身份，我们就来感知一下这个数值的尺规作图法吧！

图 1 所示 △*ABC* 是一个 1∶2∶$\sqrt{5}$ 的直角三角形。用圆规自斜边上 *C* 点截取 *CD* = *CA* = 1，再在线段 *BA* 上用余下的一段 *BD* = $\sqrt{5}$ − 1 划弧截得 *G*，*G* 正好将 *BA* 线段黄金分割，即 *BG*∶*GA* = ϕ。

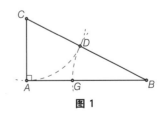

图 1

简单计算一下，就知道这个作图法是正确的。事实上，$AG = 2 - (\sqrt{5} - 1) = 3 - \sqrt{5}$。从而 $BG : GA = (\sqrt{5} - 1)/(3 - \sqrt{5}) = (\sqrt{5} - 1)(3 + \sqrt{5})/4 = (\sqrt{5} + 1)/2 = \phi$。

折纸法产生黄金比

活动 3

通过折纸来找到线段的黄金分割点相对来说更很容易，下面的折法来自英国折纸协会（BOS）。

图 2 中 E、F 为 AB 边和 CD 边的中点，AH 为 $\angle BAF$ 的角平分线。H 即为 BC 的黄金分割点。即 $BH : HC = \phi$。

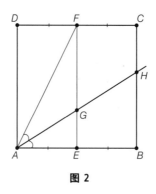

图 2

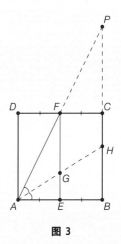

数学解读

通过平面几何的一些初步知识，这个折法的正确性很快可以得到证明。

如图 3 所示，延长 AF、BC 交于 P 点。易证 $CP = BC$。在 $\triangle ABP$ 中，由于 AH 平分 $\angle BAP$，根据角平分线定理知，$AB : AP = BH : HP$。

简单计算可知，等式左边 $= 1/\sqrt{5}$，右边 $= BH : (HC+CP) = BH : (BH+2HC)$。由此，

$1 : (\sqrt{5} - 1) = BH : 2HC$，或写作 $2 : (\sqrt{5} - 1) = BH : HC$。

即 $BH : HC = 2/(\sqrt{5} - 1) = \dfrac{\sqrt{5}+1}{2} = \phi$。

图 3

活动 4 黄金三角形

观察一个正五边形，从里面可以找到许多的黄金比！

例如，正五边形的每条对角线的长和边长的比正好就是黄金比。

如图 4 所示，正五边形被 AC、AD 分割为 3 个等腰三角形：$\triangle ABC$、$\triangle ACD$、$\triangle ADE$。奇妙的是，这三

个等腰三角形的腰长与底边之比要么等于 ϕ 要么等于 $1/\phi$。

当一个等腰三角形的腰和底边之比等于 ϕ 或等于 $1/\phi$，称这样的等腰三角形为黄金三角形。

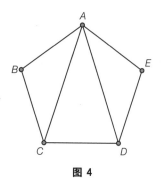

图 4

🖐 数学解读

先来证明图 4 中的三角形 ABC 和 ADE 为钝角的黄金三角形。

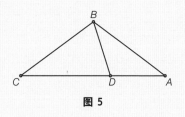

图 5

在图 5 中，我们重新绘制了顶角为 108° 的等腰三角形 BAC，希望证明 $AC : CB = \phi$。

事实上，若从 CA 上截取 $CD = CB$，联结 BD，得到等腰三角形 CBD。计算可知 $\angle C = \angle A = 36°$，$\angle BDC = 72°$，$\angle BDA = 108°$。所以 $\triangle DAB \backsim \triangle BAC$，从而 $AC : AB = AB : AD$。将此比例式中的 AB 用等量 CD 代换可得 $AC : CD = CD : DA$，这正是黄金比定义中的关系式。

再来说明图 4 中等腰三角形 ACD 的腰与底边之比为 ϕ。显然 $\angle CAD = 108° - 36° - 36° = 36°$，而上文证明对角线与边长之比为 ϕ。所以已经不证自明了一点：顶角为 36° 的等腰三角形腰与底边之比亦为 ϕ。

数学的应用

利用黄金三角形可以构造两种基本的四边形地砖——筝形和镖形。用这两种特别的地砖可以砌出著名的彭罗斯镶嵌（Penrose Tiling）。

 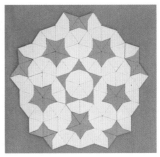

图 6

图 6 中，左图凸的四边形"砖块"都是由两个全等的黄金三角形拼出的。这两种地砖联合起来可拼出美丽壮观、变幻莫测的非周期镶嵌图案（图 6 右）。而要拼出这样美观的图案，只要记住筝形地砖的钝角顶点"势能"最高，尾巴"势能"最低；而镖形地砖的镖头"势能"最高，镖尾凹点最低。拼接无论同类还是异类地砖，拼合边"势能"一定得流向同一方向。

尺规作正五边形

让我们再回到正五边形。在数学课堂上如果要得到一个正五边形通常是将圆五等分，然后顺次联结 5 个等分点。这个作图法如下。

简单说明一下作图过程：取互相垂直的两条直径并作其中一条直径所含半径的中点 A。自 A 在所在的直径上截取 AC = AB。用 BC 之距来分割圆就可得到圆的 5 等分"紫荆花"瓣了。

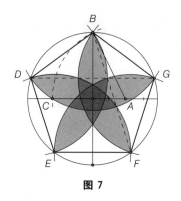

图 7

这样做的道理何在？

原来，如果设圆半径为 2，则在等腰 $\triangle ABC$ 中，$\cos A = 1/\sqrt{5}$，$AB = BC = \sqrt{5}$，那么由余弦定理计算得底边长 $BC = \sqrt{\sqrt{5}^2 + \sqrt{5}^2 - 2\sqrt{5}\sqrt{5} \cdot 1/\sqrt{5}} = \sqrt{10 - 2\sqrt{5}}$。再由余弦定理计算半径等于 2 的圆周上 72° 圆心角所对的弦长，即 $\sqrt{2^2 + 2^2 - 2 \cdot 2 \cdot 2\cos 72°} = 4\sin 36°$。这二者其实是同一个值。

活动

7 折出圆的五等分

如何用折纸来实现圆的五等分作图法呢？下面介绍的折法与尺规作图法如出一辙，几乎就是尺规到折叠的直接"翻译"。

当然首先得有一片圆形纸片。

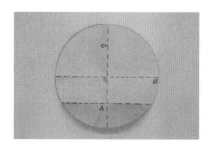

将纸片上下对折得到半圆，再进一步左右对折得到四分之一的圆，打开。再对折一条半径得到半径中点 A。

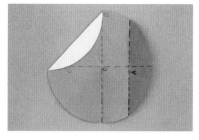

接着过 A，将 A 点所在的直径与垂直方向另一直径的一端 B 对合折叠。标记圆周上的对合点 C，打开纸面。

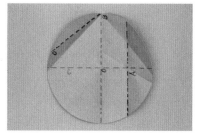

经过 B，将圆周与标记点对合，得到五等分圆周的第一条弦。

利用圆纸片和正五边形的对称性，不断复制这条弦，即得。

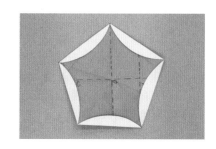

剪五角星

另一个有趣的动手活动是从正方形纸出发剪一个正五角星。要从正方形的纸得到一个完美的尽可能大的正五角星，在英国折纸协会网站上，曾经公布了一个折出正方形内最大正五角星的方法，下面是制作步骤。

步骤

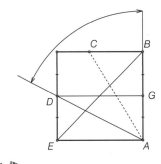

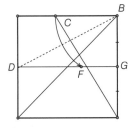

步骤 1

DG 为正方形的中心线，C 点是 ∠BAD 平分线与正方形边界的交点。由本文开篇介绍，C 是所在边的黄金分割点。对角线 BE 只为以备后用。

步骤 2

图中 F 点是 DG 上一点，BF=BC 由前论述，∠FBG =36°。

步骤 3

图中 J 点是折起的角与正方形对角线的交点。由 ∠FBG=36°，而∠JBG=45°，从而 BJ=边长/cos9°。

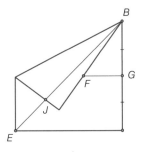

步骤 ④ 图中 B、K、J、L 构成正方形的四个顶点，因此对角线 $BJ=KL$。成功以边长 $a/\cos9°$ 找到五角星两个顶点 K、L。

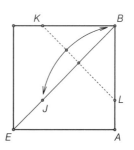

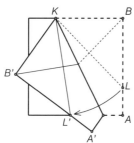

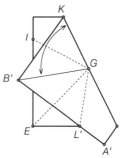

步骤 ⑤ 图中，折叠方法是经过 K 点将 L 折向正方形底边的 L' 处，此 L' 有两个可能的位置，应取较靠近 L 的一个点。

步骤 ⑥ GI 折叠方法是经过 G 折出的一条角分线。其余折痕线为过特征点与 G 点的连接线。打开。

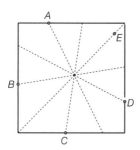

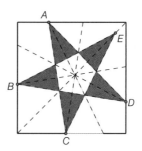

步骤 ⑦ 图中，A、B、C、D 为已有折痕在正方形边界上的位置。E 点为 B 点关于过 A 的折痕的对称点。$ABCDE$ 构成正五边形的五个顶点。

步骤 ⑧ 图中，五角星是联结 AC、CE、EB、BD、DA 得到的。可以沿着已有折痕折成一个多层纸结构，然后一刀剪得到五角星，也可以用美工刀刻下五角。

首先，下图显示的是最大的正五角星的摆放方式，即正五角星有一条边与正方形的对角线平行，有四个顶点落在正方形边上。显然，这样放置的正五角星边长大于正方形边长，可以算出这个边长为 $\alpha/\cos 9°$。

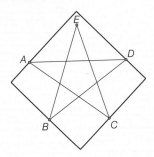

接着要考虑的就是，如何折出正方形内与一条边夹成的角为 9° 的一条线。因为一旦折出这条线，五角星的边长也就确定了。

为此，需要补充一个知识：36° 角的余弦值为 $\dfrac{\phi}{2}$，或写作 $36°=\cos^{-1}\dfrac{\phi}{2}$（参见下图）。

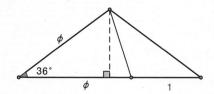

折法巧的地方是从 45° 中扣除 36° 得到 9°，这是笔者对于 BOS 的折法略作的改进。

PART 3

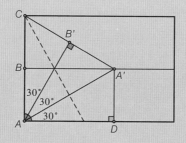

化圆为方、三等分任意角、倍立方体

古希腊数学家曾被所谓几何作图的三大难题困扰：①作一个正方形，面积等于已知圆；②将一个任意角三等分；③作一个正方体，其体积是已知正方体的 2 倍。后来这些问题都被证明是不可能尺规解决的。本文无意挑战数学上宣布为不可能完成的尺规作图三大难题，而只想说明折纸比尺规更具有灵活性，因而可以实现尺规所不可能完成的一些任务。

化圆为方

材料 一个圆柱形的可乐瓶盖，一张 12cm × 12cm 的方块纸，美工刀。

步骤

步骤 1 用方块纸的一边紧裹瓶盖，在纸的外侧末端用美工刀切一个小口。

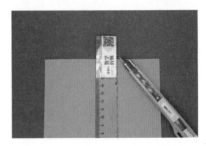

步骤 2 展开纸面，在切开的小口处裁去平行的一条边（留下的纸宽度为瓶盖周长，即 $2\pi r$）。

步骤 3 将纸左右对折（折痕距离左右边各 πr 的距离），打开纸面后从中线向右量取一个瓶盖的距离，做标记。

步骤 4 将标记处与中线折痕对折（取半径），沿折叠处裁开，舍弃右边多余的部分。

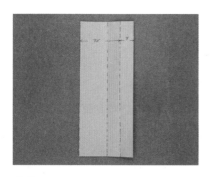

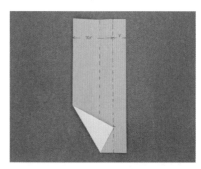

步骤
5

再次对折纸的左右边，找到新的中心线。

步骤
6

在中心线下端折起左下角至纸面上仅有的另一条平行折痕，在折起角顶点处作标记，打开纸面。

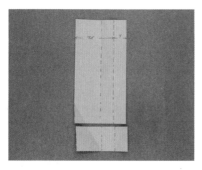

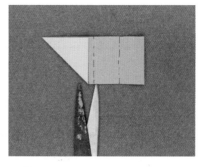

步骤
7

在标记处折出水平线，沿着这条水平线裁开，留取下面窄条。

步骤
8

过纸条右上角顶点折出45°角分线，在折起角的边缘处切开，舍弃左边长方形。

步骤
9

得到所求正方形，其面积恰为瓶盖的口部圆面积。

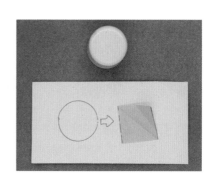

　　前面几步取圆的半周长和半径不难理解，关键在第 6 步。这里我们找到一个直角三角形，其斜边为（$\pi r+r$）/2，一直角边为（$\pi r-r$）/2。于是可用勾股定理算得另一条直角边为 $\sqrt{\pi}\,r$。以 $\sqrt{\pi}\,r$ 为边长的正方形，其面积为 πr^2。

　　以上所谈及的第 6 步折纸的部分也可以用尺规完成。但是开头取圆的周长展开这个动作尺规是无法实现的。因为尺规作图的直尺只可用来划线，不可用来度量或弄弯曲。

　　本活动用到了折纸求出 a，b 两线段的比例中项的经典折法。如果其中一条线段为 1，那么也就是折出了另一条线段的平方根。

三等分任意角

材料　圆珠笔，直尺，半张 A4 纸。

步骤

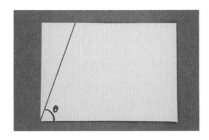

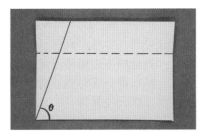

步骤
1
将半张 A4 横着放置，用直尺比着过左下角画一条任意斜线。斜线与底部边缘之间的夹角是要三等分的角。

步骤
2
从纸面靠上约 1/3 纸的高度向下折叠，产生一条平行于上下边的折痕，用圆珠笔和直尺描黑折痕。

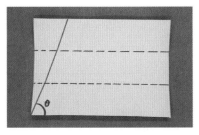

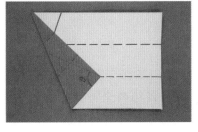

步骤
3
将纸的下边与水平折痕线对折，打开并描黑折痕。

步骤
4
将左下角掀起放置于近底边第一条水平折痕线上，同时逐步调整点在折痕线上的位置，直至第二条水平线的左端恰好落在斜线上，压平。

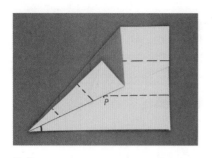

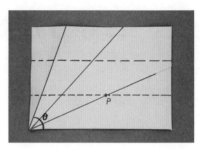

步骤 **5** 沿折起角的靠下方的折痕将上下两层纸向后（山形）折，产生与原折痕重叠的折痕，打开纸面。

步骤 **6** 描绘折痕并延长，发现折痕经过左下角，可证明它将给定角分为 1：2 两份。

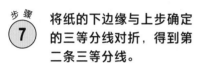

步骤 **7** 将纸的下边缘与上步确定的三等分线对折，得到第二条三等分线。

📐 数学解读

现在来证明折法的合理性。

右图，显然折叠导致绿色和黄色两个等腰三角形全等。由等腰三角形性质，作为底边中垂线，AB' 也是黄色等腰三角形顶角 $A'AC'$ 的角分线。即 $\angle C'AB' = \angle A'AB'$。

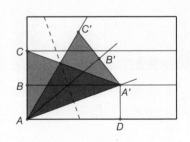

又因为 $A'B' = AB = A'D$，故由角平分线性质，A' 在

∠B'AD 的角分线上。从而 ∠A'DA = ∠A'AB'. 于是
∠C'AB' = ∠A'AB' = ∠A'DA。

折法特例

当右图中任意角的终边就
是纸的左边缘时，这个折法就
回到了折 60° 的标准折法。

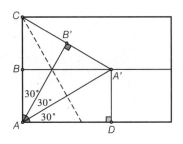

3 倍立方体

倍立方体的问题据说和阿波罗神庙中的祭坛有关。
传说在古希腊的雅典，有一年天降瘟疫，人类大批死去。
人们去阿波罗神殿祈求太阳神免除人类的灾难。神谕显示，须将正
方体祭坛扩大恰好一倍。于是人们就竭力思考如何将一个立方体的
体积不改变形状的情况下扩大到原来的 2 倍。当时人们只知道用尺
规来作图，而要想得到 2 倍的立方体，就需要作出相当于原立方体
棱长的 2 的立方根倍。这在数学上后来被证明是尺规不可能办到的。

现在通过折纸可以实现了。有两种方法可以折出 2 的立方根。
一个不易折，但容易说明。另一个容易折，但道理讲起来需要一些
计算量。下面利用一张正方形纸，按这两种方法折出 2 的立方根。

材料 一张正方形纸。

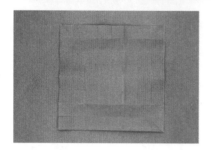

步骤 **1** 正方形纸打 8×8 的格子。

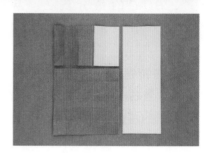

步骤 **2** 从打好格子的正方形纸上裁下 5×5 和 3×3 的两片备用。

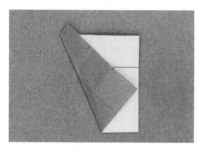

步骤 **3** （方法一）在 3×3 的纸片上折出一道折痕：将左下角折至右边缘，同时让纸的左边靠下的三等分点到达纸面第一条水平等分线。则纸的右边被分成 2 的立方根比 1 的上下两段。

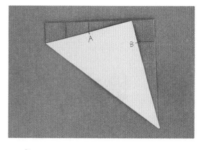

步骤 **4** （方法二）在 5×5 的纸片上折出一道折痕：将 A 点折到第二条竖向折痕，B 点折到第一条水平折痕。打开纸面。

步骤 **5** 将纸面上斜向折痕与第一条竖向折痕交点标注为 C，C 的正下方与 A 齐平的格点标记为 D。则 CD 为 2 的立方根（纸上方格视为单位正方形）。

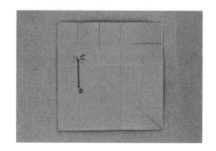

看似复杂的方法二得到长度为 2 的立方根的线段 CD，说明起来较为容易：

如图所示，$RT\triangle ACD \backsim RT\triangle CED \backsim RT\triangle BED$，$AD : CD = CD : DE = DE : DB$，由 $AD = 1$，$DB = 2$，得 $2 = DB = (DB : DE) \times (DE : CD) \times (CD : AD) = (CD : AD)^3$. 于是 $CD : AD = CD = \sqrt[3]{2}$。

下面这些计算过程说明第 3 步也得到了 $\sqrt[3]{2}$。

如图所示，记 3×3 的正方形边长被 C 点分为 $1 : x$ 两段，即 $BC = 1$，$CD = x$。

显而易见 $Rt\triangle ABC \backsim Rt\triangle FGC$。故而

$(BA + AC) : BC = (GC + CF) : FG$，即

$(1 + x) : 1 = x : FG$。然而

$$FG = \sqrt{CF^2 - CG^2} = \sqrt{\left(\frac{1+x}{3}\right)^2 - \left(x - \frac{1+x}{3}\right)^2} = \sqrt{\frac{2x - x^2}{3}}。$$

于是，$(1 + x) : 1 = x : \sqrt{\dfrac{2x - x^2}{3}}$，

$x = (1 + x)\sqrt{\dfrac{2x - x^2}{3}}$，$x^2 = (1 + x)^2 \left(\dfrac{2x - x^2}{3}\right)$，

将右边展开，两边乘以 3 并约去 x 得，$3x = 2 + 3x - x^3$，进一步化简得 $x^3 = 2$，说明 $x = \sqrt[3]{2}$。

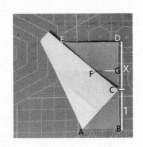

PART 4

折来折去的乐趣

有一种叫"折来折趣"的纸片折叠游戏，最近蛮受玩家欢迎。玩法是将预先印有黑白图案的正方形纸折叠成原纸 1/4 大小的正方形，最终要达到正面和反面正好清一色出现"一白一黑"的目标。这让我想起多年前见过的九宫格复原"正"字折痕的折叠谜题。玩法是：先有一个 3 × 3 的井字折痕，在某些折痕段规定了山或谷，最终要实现所有的折痕让原纸变为 1/9 的大小。这两个游戏的共同点是折来折去把纸变小。它们困难之处都在于折痕的实现次序有很多种可能。事实上根据折痕来推算原先的折法这个问题是没有"速战速决"方法的，因为搜索解的工作量随折痕数量的增加呈几何级数上升。计算数学上称这类问题为 NP 难问题，即非多项式计算复杂性问题。

除了这两款，折纸爱好者也有通过双色纸折出棋盘、文字的。从玩游戏的角度看，这有点类似捉迷藏，玩家要设法破解折痕背后的迷局，猜出其中的奥秘。本章就来讨论几个折来折去的游戏，体验解决连计算机都难解决的难题之乐趣。

"正"字谜题

材料 一张 15cm × 15cm 正方形双色纸，红蓝铅笔。

步骤

谜题制作：

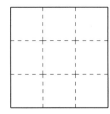

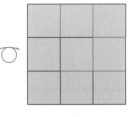

正面　　　　　　　反面

步骤 1 用逐步调整法将正方形打上 3 × 3 的方格。

步骤 2 在纸片的正反面按图示模式给格线涂上红蓝两色。

注 红线显示为一个未完成的"正"字，游戏由此得名。

步骤 3 挑战：设法将正方形纸折叠为原大小的 1/9，让红线都实现为山线，蓝线实现为谷线。

谜题解答：

步骤 1 将自左至右第一条竖线折痕以谷折方式实现。

步骤 2 将目前纸面自上而下第一条横线以山折方式实现。

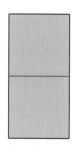

步骤
3 将右边一半向后折叠。

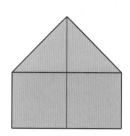

步骤
4 将纸右侧的缝隙向左打开压平。

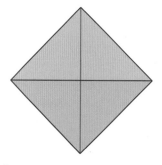

步骤
5 将下面两角向后折叠。

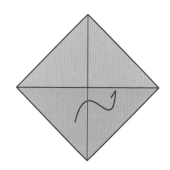

步骤
6 将下面一半藏入上部口袋中。

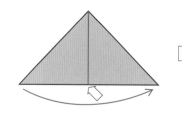

步骤
7 撑开下部中间部分，抹平第 4 步和第 5 步形成的斜向折痕，完成。

以上解题思路形成于试错法。由于没有一条折痕是贯通的，所以不可能步步折痕正确。如果先折水平折痕，会发现局部错误很难纠正。通过尽可能少错且便于事后纠错的原则来试错，以上折法最终得以成功。

与同伴一起来玩，这游戏会更有趣。让同伴来挑战这个谜题，适当的时候可以提示第一步。当然最后一步是最难想到的，留在最后点破。

活动

2 "折来折趣" 谜题

材料 15cm × 15cm 正方形薄纸一张，红蓝铅笔。

步骤

谜题制作：

 将纸面打上 8 × 8 的方格。

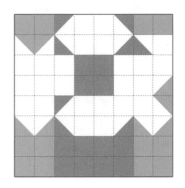

步骤 **2** 按以下图案给纸面相应区域涂上红蓝两种颜色。

步骤 **3** 挑战：设法将纸折成 4 × 4 的方块，正面为纯蓝色，背面为纯红色。

注 可以折出斜线折痕，但不可撕破纸面。本题选自《折来折趣》第100题。

谜题解答：

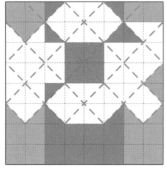

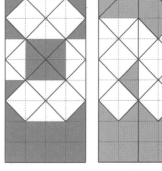

正面　　　　反面

步骤 **1** 在纸面上部按照图示打上斜格线。

注 每条斜线都作正反折叠，以因应不同需要。

步骤 **2** 将纸面左右边缘向后折至中心线。

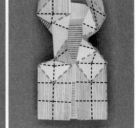

正面　　　　反面

步骤 **3** 如图，挤压两侧将正面收成"小桌"，背后收成"双尖"。

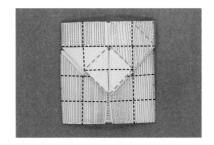

正面　　　　　　　　　　　　　反面

步骤 4 顺势压平成如图正反面的形态。

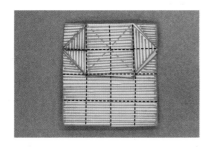
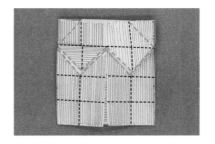

步骤 5 将正面白三角下面的纸调整到前面来，反面白三角向后翻折至纸下，完成。

数学解读

　　以上步骤固然不多，但是要凭借折痕推演，找到折叠步骤就很难了。当然好消息是，得到正面和反面分别为蓝色和红色的方法也不是唯一的。

　　不妨来看最后一步。在藏红色面上的白三角时，至少还有一种方法可以实现。那就是让白三角藏在纸的中间，即利用沉折完成藏匿的动作。在达到纸面统一为红色的效果而言是等效的，但是在纸面的平整方面，沉折方法得到的结果更美观平整些。

活动 3 六角棋盘折叠

本活动中的棋盘作品系笔者向折纸家苏卓英老师学到的，据说作品源自日本。这个作品从正六边形双色纸得到了一个表面为原来纸面积 1/8 的六角形雪花状棋盘，作品透出艺术和数学双重之美。从成品和折痕看并不复杂，但要折出这个作品需要具备一定的空间思维和分析解决问题能力。

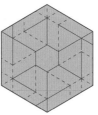

图1　作品正面和折痕图

材料　一张 A4 双色薄纸。

步骤

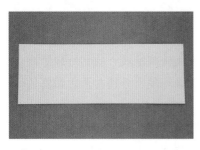

步骤 1 将长方形两条长边对齐折叠压平，用逐步调整法将折痕边的平角在中心处三等分。

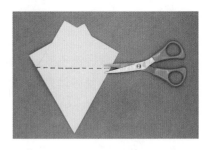

步骤 2 过折叠好的结构中间层上边缘剪去多余纸，将纸一刀剪出正六边形，打开。

步骤 3 将纸面在每组平行对边之间正反折 8 等分（共 21 条平行线）。

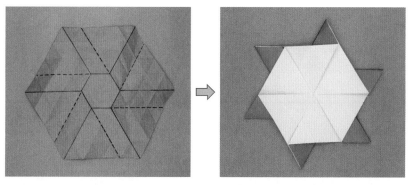

步骤 4 将六边形中心六个小三角形成的小六边形顺时针扭转 120°，压平，翻转纸面。

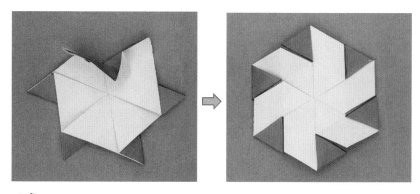

步骤 5 牵拉每个角的上面一层纸，出现菱形面后合上，使只露半个菱形（即一个三角形）。

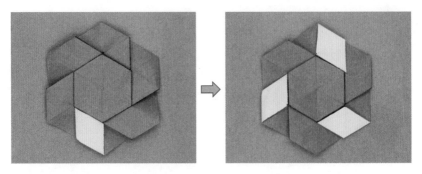

步骤
6
翻转纸面。选择 3 个不相邻的角，局部松开周围的折痕，就地翻转每个角上的菱形。小心不要撕破纸面。

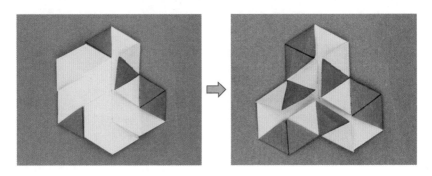

步骤
7
翻转纸面，将 3 个梯形折向前面。

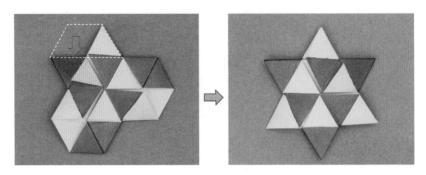

步骤
8
将图中梯形向内沉折，藏入下方纸口袋。另两位置重复此过程。完成。

　　本作品的折制过程显示了一定的技巧性，但是基础的部分就是扭转压平这一步。在这之后，可以自由探索的空间很大。所以折不出的时候也不要气馁，而应抱着探索的精神。因为所有的折法都是前人探索得到的，当你看不到希冀得到的结果时，所走入的歧路何尝不也是一种意外所得呢？

　　笔者也曾经意外得到了下面这个构图，其实就是在翻菱形的那一步连续向前翻而不是相间地一前一后翻。看到这个样子，形如一朵盛开的向日葵，就命名它为向日葵。读者也可以试试。抑或你也有意外的收获。

　　先通过收紧六边形中心区域，使得边缘部分变得拥挤。挤来挤去，纸就有可能互相追赶躲藏，压或被压。本作品要实现的目标一定还有别的折叠方法。

　　作品用去包括 96 个小三角的正六边形纸，完成后只有 12 个小三角形停留在表面。所以这个作品的用纸有效率为 1/8。

折纸前沿介绍

8×8 黑白方格组成的国际象棋棋盘如何用一张方形双色纸实现？这是折纸艺术家和计算理论都关心的问题。

迄今为止形成了一些经典的折法。

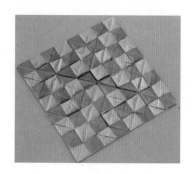

出版年份	初始纸张尺寸	作者
1985	64 × 64	Hulme [24]
1989	40 × 40	Casey [5]
1993	36 × 36	Montroll [34]
1998	40 × 40	Kirschenbaum [28]
2000	32 × 32	Dureisseix [16]
2001	32 × 32	Chen [7]
2007	32 × 32	Hollebeke [21]

上表是文献记载中部分 8 乘 8 棋盘折纸的历史记录，可见棋盘折叠 2007 年就有新的结果发表。文献显示这个问题涉及计算机算法。简单计算可知它的用纸率为 1/16。由于这些折法步骤非常之多，超出了本书的介绍范围。仅在此提供有兴趣的读者参考。

顺便提一句，《奇妙的数学折纸》第一册介绍过的魔三角也是一个原创的折来折去谜题，其不同折叠方法有 252 种，是一个相对简单的折叠谜题。

小测验

如何用 3 × 3 的正方形双色纸折出 2 × 2 的棋格？

步骤 1 将一个角折到距离对角 1/3 对角线长处。

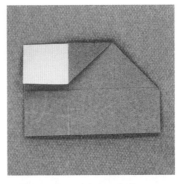

步骤 2 翻面，向前折叠上部 1/3。

步骤 3 向前折叠右边 1/3。

步骤 4 整理，完成。

注 这是比较省纸的折法。

PART 5

纸条上的数学

纸条是我们日常生活中常见的物品，商店的收银条，出租车车票或家具店提供的带刻度的纸条尺都是随手可得的纸条。不过你知道吗，纸条也是探究数学的好帮手，甚至也可成为制作如衍纸等纸艺作品的材料。

以数学的观点看，纸条是两条平行线之间的部分。我们通常不关心纸条的两端，因为它可能是锯齿形的，也有可能是撕下时形成的不规则的边缘。但是我们总是假定纸条的两边是平行的。

除了平行线的概念，我们通过玩纸条还能学到怎样的数学呢？

本章通过裁纸、制作幸运星、编织纸带十二面体球等活动，带领大家体验纸条中的奇妙数学。

将 A4 纸平分为 11 等分

为了制作幸运星和纸带足球，我们需要准备一些宽度相当于 A4 纸窄边 1/11 的纸条。如果将纸面等分为 2，4，8……这样的份数，只要对折再对折不断重复就可实现。但是 11 等分不太容易。下面用的方法是逐次逼近的方法。

材料　A4 纸一张。

步骤

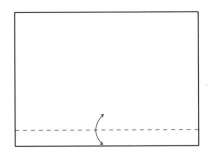

步骤 1
取 A4 纸一张，在距离一条长边（如上图中下部边缘）约宽度的 1/11 处折起细细的一条平行边，产生折痕后打开。

注 这条折痕位置不需要很精确，但一定要平行于底边。检验的方法是观察左下角和右下角折起后有无超过纸面的左右边缘。这时剩余的纸面是 A4 纸宽度的近似 10/11。

步骤 2
将另一边（上边）与折痕对折产生折痕后打开。

注 第二道折痕以上部分是纸面高度的约 5/11，以下至下边缘的部分是纸面高度的 6/11。

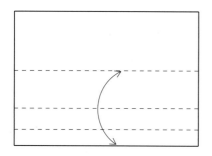

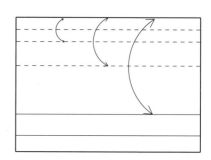

步骤 **3** 将下部边缘与上步折痕对折。

注 新折痕以下部分约为纸面高度的 3/11。

步骤 **4** 将上步折痕以上的纸面八等分（不断拿纸的上边缘与折痕对折，打开再对折新折痕，如此重复 3 次）。

注 我们得到的靠近上部边缘的约 1/11，它这是对下边缘初次折出的 1/11 的二级改进。

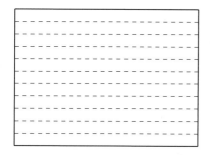

步骤 **5** 将纸面旋转 180°，重复步骤 2～4。

注 实际上就是将靠近上部边缘的约 1/11 折痕当作新的近似等分线，再次制作第三级的近似 1/11。这时纸面已经形成 10 条折痕。基本上满足了等分纸面为 11 等分的要求。

步骤 **6** 如果最后两道折痕线之间相距较远，可重复第五步一次。沿着纸面上最后形成的 10 条折痕线将纸裁成 11 条纸条，完成。

注 可用剪刀或美工刀来裁切，也可用专用安全裁纸刀来裁。

回顾以上制备纸条的过程发现，这一方法的确很好地等分了纸面。这是日本折纸艺术家布施知子的发明。在数学上看，也是有道理的。

设想第一次折痕的位置为 1/11+E。其中 E 是一个可正可负的量，代表误差。E 的绝对值不超过纸面的一半，即 1/2。这样我们就可以来算算上边缘处折痕的精度。

首先，基于折纸过程，第一步操作后剩余的纸面是 10/11-E。对折后位置为 5/11-E/2。与初级估计合起来取半，得到了 [（1/11+E）+（5/11-E/2）] /2=3/11+E/2。

这时折纸操作过程是将剩下的部分 8 等分。计算过程是 [1-（3/11+E/2）] /8=1/11-E/16，可见二级估计将误差 E 提高到 16 倍精度，是对 1/11 更好的逼近。

依次类推，三级估计是二级估计精度的 16 倍，是初级估计的 256 倍。足以达到折纸的精度要求了。

活动

制作一个幸运星

幸运星是小朋友都喜欢的小制作。五颜六色的纸条折成的幸运星放在一个玻璃罐子里让人赏心悦目。它也是教师节送老师或六一节同学互赠的佳品。那么用上面制作的纸条如何来制作一个幸运星呢？

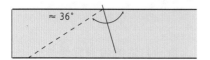

步骤 1
在靠近纸带的左端折出一道折痕，使其与上边缘呈近似 36° 角。此角不必精准，后续的步骤可以逐步修正至精确值。

步骤 2
将上部边缘折至与折痕重合，打开。

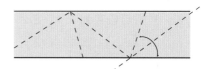

步骤 3
再次将上部边缘折至与前步折痕重合，打开。

步骤 4
将上部边缘折至与折痕重合，打开。

步骤 5
再次折底边至与上步折痕重合，打开。

步骤 6
继续不断重复步骤 2～5，使得整条纸带布满同类型折痕。谨记两次折上边，两次折下边，交替执行。每次重复都使得得到更靠近 36° 角的整数倍。所以在纸带上越靠近右边，折痕就越精确。

步骤 7

从最右边第一道短折痕开始，依次折叠短折痕至左端，形成一个正五边形。

注 随着纸带的缠绕，实际折痕会发生少许偏离原来的折痕。按照紧密缠绕的原则完成即可。

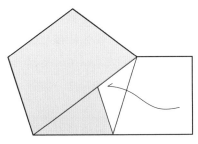

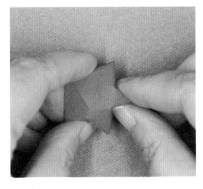

步骤 8

将最后余下的一小段纸带插入到表面两层纸带的下面，藏牢。

步骤 9

一手抵住三边，另一手用指甲掐另外两边的中点，使得作用点凹陷，五边形的上下两个面鼓起。

步骤 10

不断转动纸模 72°，继续步骤 9。直至五个角都立体化为四棱锥。一个五角星就完成了。

🖐 数学解读

首先让我们来说明以上折纸过程又一次显示了逐次逼近的方法有效。

设最初折出的角是平角的 1/5+E，其中 E 是一个可正可负的量，代表误差。E 的绝对值不超过 3/10（即使最初以 1/2 平角，误差才 3/10）。接下去的折法是将近似 36° 的邻补角取四分之一，即 [1−（1/5+E）]/4=1/5−E/4，得到二级近似。然后换一条边，利用内错角相等，对二级近似的 36° 作邻补角取四分之一，得到三级近似 [1−（1/5−E/4）]/4=1/5+E/16。虽然不如裁纸条的快速，第四级的估计已经到达 64 倍的精度，实际误差在 1° 以内了。

其次，还须指出，折幸运星的步骤 7 是按照折痕将纸条缠绕形成一个五边形，它正好是一个正五边形。

事实上，以上数学解读已经保证纸条不断向右依法折叠，可以逼近 36° 的折痕。如果开始就是 36° 的精确折痕，那么可以得到交替出现的两种互相邻接的黄金三角形——锐角黄金三角形和钝角黄金三角形。沿着短折痕折出的自然是正五边形。

顺带提一下，也有人制作幸运星时喜欢先将纸带在头上打一个结，再拉紧压平形成一个五边形。它也是正五边形。证法如下：

打一个五边形纸带结，修去多余的部分打开可见 4 个梯形（如右上图）。

再次将四个梯形按照折痕折成五边形，观

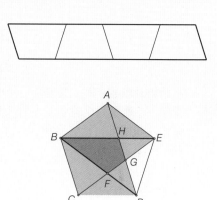

察五边形内纸带重叠形成的平行四边形区域，似有3个：第一个梯形与第三个之重叠区域 *BCDH*，第一个梯形与第四个梯形形成的重叠区域 *ABCG*，第二个梯形与第四个梯形之重叠区域 *ABFE*。

这3个平行四边形其实是菱形。理由如下：

纸带宽度恒定不变，平行四边形面积等于底高之积，高（纸带宽度）积不变，故无论哪条边作底都可。说明这3个平行四边形还是四边相等的菱形。

既然是菱形，可以分别折出其中两个菱形的一组长对角线 *BE*、*BD*。利用菱形的轴对称性，可知道∠ *ABE*=∠ *FBE*=∠ *DBE*，∠ *DBE*=∠ *DBH*=∠ *DBC*。即知 *BE*、*BD* 将∠ *ABC* 三等分。

再次展平纸带，发现统一折出的折痕还是平角的五等分线，如图。这样，我们就得到许多 36°角，也得到了一系列的黄金三角形（其中中间的两个三角形因为折叠重合，是 36°为顶角的等腰三角形，从而也是黄金三角形）。经简单论证容易得出它们围出的五边形纸带结为正五边形。

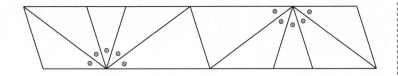

3

编织纸带足球

材料　7 条活动一方法制作的纸带。

步骤

步骤 1　取一条纸带，重复活动二的步骤 1～7，顺序标记自右向左的所有长折痕以数字 1，2，3……

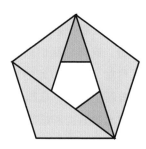

步骤 2　按照数字顺序将纸带折成一个带孔的正五边形。

步骤 3　取一条没有制作折痕的纸带，顺着上步形成的正五边形型模缠绕，直至纸带用尽。取下纸带备用。

注　尽量紧密贴合型模，使在翻转拐弯处形成上下一致的折痕。

步骤 4　重复步骤 3 过程，制作另外 5 条纸带，总共形成 6 条带统一折痕的纸条。

注　型模纸带上的折痕中短线将不被复制，型模将不作为作品最后所用材料。6 条纸带上的折痕形成至少 10 个完整的等腰三角形，多则不限。以下以 11 条折线段的图示供参考。

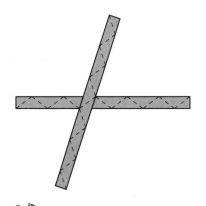 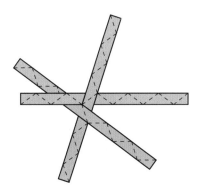

步骤 5 开始编织。将一条纸带交叉放置在另一条的上面，使得上面纸带左起第六道折痕与下方纸带的左起第五条折痕重叠。用回形针或胶水固定重叠的菱形区域。

步骤 6 将第三条纸带放置在第一条的下面以及第二条的上面。同样让第三条纸带左起第六道折痕与下方第二条纸带的左起第五条折痕重叠。用回形针或胶水固定纸带 2、纸带 3 重叠的菱形区域。

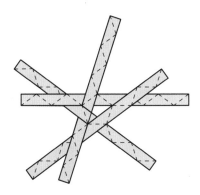

步骤 7 重复将第四条纸带放置在第二条纸带的下面和第三条纸带的上方。让第四条纸带左起第六道折痕与下方第三条纸带的左起第五条折痕重叠。用回形针或胶水固定纸带 3 和纸带 4 重叠的菱形区域。

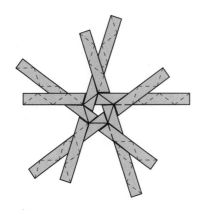

步骤 8

重复将第五条纸带放置在第三条纸带的下面和第四条纸带的上方，并且落在第一条纸条的下面和第二条纸条的上面。调整使得第五条纸带左起第六道折痕与下方第四条纸带的左起第五条折痕重叠。此时，第五条纸带右起第五道折痕与上方第一条纸带的右起（或从上数）第六条折痕也将自动重叠。用回形针或胶水固定纸带 4 和纸带 5 重叠的菱形区域以及纸带 5 和纸带 1 之间的重叠菱形。

步骤 9

待胶水干透，将外围的端点弯曲形成穹顶般的正十二面体顶部。

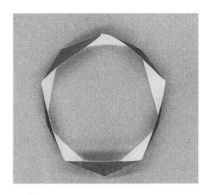

步骤 10

将第六条纸带两端的折痕上下重叠黏合成圈。

步骤 11

将此圈与纸条 10 个开放端交替编织。越过圈的纸条继续编织直至 5 个新的镂空五边形出现。

将每条纸带的两头黏合，重叠一条折痕线。注意继续保持编织的模式不变。完成。

📐 数学解读

关于正十二面体容易想到的问题是：这个多面体的任意两个相邻面夹成多少度二面角？

要想回答这个问题，不妨在一个该多面体的一个正五边形面上放置一个正五棱锥，如右图。

这个正五棱锥每个面是一个锐角黄金三角形，并且与比邻的正五边形共面。所以可以通过计算正五棱锥的侧面与底面的夹角得出所求二面角的邻补角。

记正十二面体的棱长为 a，则图中五棱锥侧面底面夹成二面角的余弦是由 $\frac{a}{2}\cot 36°$ 与 $\frac{a}{2}\tan 72°$ 之比算得的，可求得该角为 $\cos^{-1}\left(\dfrac{\phi-1}{3-\phi}\right)$，近似值为 $63.44°$。故而正十二面体的相邻面夹成的二面角为 $\cos^{-1}\left(\dfrac{1-\phi}{3-\phi}\right)$，约为 $116.56°$。

　　本章着重用纸条实现了编织纸带十二面体球，值得思考的问题很多。

　　1. 如何推广将纸带 N 等分的一般逼近方法？

　　2. 正十二面体还可以怎么制作完成？

参考答案：

　　1. 对于一般的 N，如果它正好是 2 的方幂，只要不断对折即可。如果不是，那么对其所含 2 的因子等分。然后进入到一个奇数等分方法。对于奇数等分问题，我们先简单猜测一段为该等分之一份，然后将剩余部分的 2 因子份数折出，与开头的一份汇合为一个偶数，继续操作，直到产生第二阶段的 1/N。

　　2. 可以折钝角黄金三角形零件十二片，通过组合完成正十二面体，如下图。

PART 6

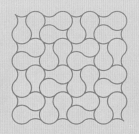

剪拼、割补、镶嵌及其他

剪剪拼拼是巧裁缝的拿手绝活，不过数学老师也许更应该掌握这一"利器"。原因是，本文可以举出一系列的例子来说明割补对于等积变形是如此自然，并且有着优美的解决问题的天然素质。

在小学数学课上，平行四边形的面积公式 $S=ah$ 如何讲明白呢？一个巧妙的方法是，把一张平行四边形纸片沿着任何一条高剪开，再把剪下的三角形拼到对角，补成一个长方形。这样就实现了化平行四边形为长方形，用长方形的面积公式就可以轻松计算平行四边形面积了。

那么如何用割补法解释梯形的面积公式 $S=(a+b)h/2$ 呢？

梯形面积的割补法证明

剪两个全等的梯形纸片，将它们先重叠放置，然后沿着一腰的中点，旋转上面的梯形至对面（180°的旋转），可拼成一个平行四边形（如图1右）。

你发现了吗？这就又将新问题化为已经会解的旧问题了。算出拼成的平行四边形的面积，将它除以2就得到原来梯形的面积了。

图 1

数学解读

割补法涉及旋转变换，是数学中的重要的变换思维。到了初中，"割下来补上去"的办法还能用来对勾股定理给出一个奇妙的证法。

2 勾股定理的奇妙证法

　　随意找两个正方形，可以不一样大。让它们并列靠着。在纸上描绘下来轮廓并剪下该轮廓。

　　现在请问，你可以将这个正方形拼出的"刀把"形图形割补为一个大正方形吗？

　　思考一分钟再读下去。

　　如图 2，只要在图形的最长边（刀柄部分）自左向右量取大正方形的一个边长，找到一切割经过的点，然后照图示就可完成。

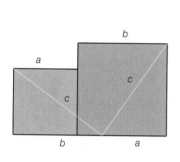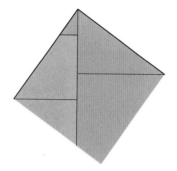

图 2

　　可以通过边角边判定法判定切下的两块是全等的直角三角形（它们的直角边正好分别是两个正方形的边长）。重新摆放切开后形成的三块多边形，显然拼出的是一个正方形（以直角三角形斜边为边长）。于是这两幅图就无声地说明了直角三角形三边的关系：$a^2+b^2=c^2$. 这是何其的巧妙！

剪拼、割补、镶嵌及其他
55

活动

割补曲边图形

图3中有两个一正一倒的两个宝瓶。每个宝瓶轮廓内围出的面积如何计算？

这个看似复杂的问题，只要用一个正方形框架来勾勒一下，问题就迎刃而解了。稍加观察你立刻就会发现，正方形框架外的那些弓形正好可以填补正方形框架内部的缺失。所以两个宝瓶的面积与正方形框架围出的面积相当。

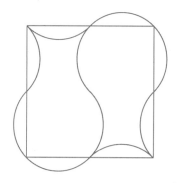
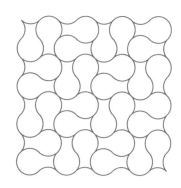

图 3

数学解读

有时数学问题的解决依赖想象力，在没有框架之前，本来的图形显得非常难对付。一旦添加那个正方形的框架后，问题立刻迎刃而解。

让我们继续发挥想象力：因为正方形可以拼出更大的图形，就像铺地砖那样。利用宝瓶的图案也能拼出平面上一大片宏大的图景（图3右）。瞧，你也可以成为镶嵌艺术家了！

折出 $2/\sqrt[4]{3}$

既然面积为 1 的等边三角形边长是 $2/\sqrt[4]{3}$，那么就有必要研究一下经由折纸得到精确的此数值的方法。

由于 $\tan 30° = 1/\sqrt{3}$，所以从单位正方形纸面中找到 $1/\sqrt{3}$ 非常简单：只要折出 30° 角即可。

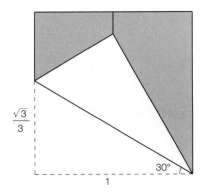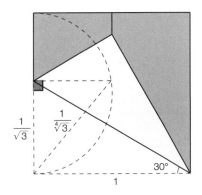

图 4

而要得到 $1/\sqrt{3}$ 的平方根，尺规法只要如图 4 中右图那样就可得到。读者不妨设法将它改造为折纸法。

✍ **数学解读**

图 4 右边的半圆内有一个直角三角形，斜边为 1，较长直角边在斜边上的投影为 $1/\sqrt{3}$，由射影定理可知，这条直角边的平方等于 $1/\sqrt{3} \times 1$，于是它本身的长就是 $1/\sqrt[4]{3}$。

镶嵌艺术

随着人们对杜登尼切割认识的逐步深入，玩法在艺术层面有所突破。比如，张惟淳将它的轮廓曲线化，形成了一只可爱的小猫。这个玩法的灵感是受到荷兰版画大师埃舍尔的人与马的启发。

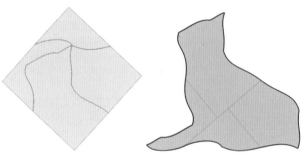

图 5

镶嵌艺术（tessellation）是与剪拼、割补（dissection）密切相关的艺术形式。它是借助对单一图形的运动，平铺实现某种宏大的对称平面图形。

在平面内，图形的运动一般可以分为平移、旋转和反射三种不同的形态。例如，本文开始的平行四边形面积推导涉及了将割下来的部分作平移运动。两个梯形拼合而成的平行四边形中，一个梯形绕其一腰的中点旋转180°就得到了另一梯形。第三个例子，勾股定理的证明中，两个直角三角形分别朝着不同的方向发生了平移的运动。

镶嵌用单个或多个图案，通过三种运动的各种组合来密铺整个平面。视角的改变让单一的局部的图形构成了更为宏大的全景图。如著名的荷兰版画家埃舍尔的镶嵌画 Horseman。向左和向右的人与马增加了反射的变换，使得它更加耐人寻味。

图 6

最后作为结尾，请读者思考：下面这个马赛克艺术来自土耳其国王穆罕默德的陵墓。你能分析出它是有怎样的基本图形经怎样的运动形成的吗？

图 7

PART 7

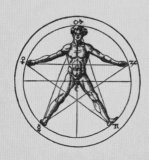 

再谈五角星

五角星历来被赋予种种神秘的含义，例如，在上面这幅来历不详的绘画作品上，五角星和人体叠合在一起，周围还夹杂着一些神秘的符号，颇耐人寻味。

早在古希腊和巴比伦文明时期人们就崇尚五角星。古希腊毕达哥拉斯学派把五角星当作会员认证的暗号。可以猜想到的一个合理的原因是，五角星里有数学家喜爱的黄金分割线段。

折出正方形中最大正五角星

在英国折纸协会（BOS）网站上有一个从正方形的纸制作最大正五角星的步骤示意图。我们略加改进后给出如下更简洁的制作过程。读者可以跟着步骤说明，找张正方形纸片来试制一枚正五角星。

数学解读

此方法得到的五角星为最大的正五角星。理由略述如下：

正五角星有 5 条对称轴，正方形有 4 条对称轴。如果正五角星与正方形不共轴，此正五角星一定不会是最大的。而沿着正方形中轴线放置的正五角星，其边长不超过正方形边长。沿着对角线放置的正五角星边长则可以达到正方形边长的 sec9° 倍。故而应取较大的斜放方式才合理。下图中的结果显示，五角星的 4 个角已经全部落在正方形的四条边上，无法再扩大了。

注：以上论述中 sec9° 的由来：如下图，OB 为正方形边长，$\angle AOB = 90° - 45° - 36° = 9°$。故 $AO = BO/\cos9° = \sec9° \, BO$。

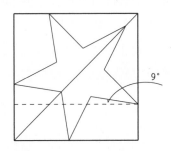

实用的近似折法

实际操作发现，活动 1 中提供的这个折法容易产生误差，导致最终的五角星失去准确性。我们建议读者跟着以下步骤图的说明来再次制作更标准的五角星。

新的方法是先找到五角星的中心，然后一次性折出 5 个顶点的位置而不是先找到两个顶点再顺藤摸瓜找其余的 3 个顶点。这就有效避免了误差的产生。

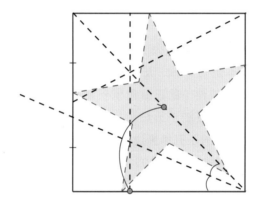

步骤 1 找五角星的中心。BOS 网站的方法告诉我们最大的五角星中心与正方形的中心不重合，但该中心确实在正方形的一条对角线上。这个点的一个足够精确的近似位置可按下面方法找到：它距正方形的一角的距离是正方形边长的约 2/3。

上图步骤中找到的对角线上点就是此正方形中最大五角星的近似中心点。底纹中阴影五角星就是以它为中心绘制的，可见精度令人满意。

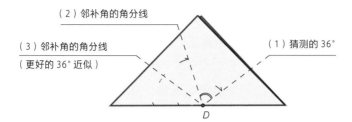

（2）邻补角的角分线

（3）邻补角的角分线
（更好的36°近似）

（1）猜测的36°

D

步骤
2

等分平角为5等分。我们要在对角线上已经找到的五角星中心处，通过折叠将该平角分为五等分。这个等分角的过程可以采用逐次逼近的方法得到。

注 图中各线产生的顺序是，先折出猜测的36°角所在的线，然后折出邻补角的角分线，最后折出邻补角的四等分线。

迭代求精的过程是，把新的近似36°角当作猜测的36°角，忘记所有其他的折痕线，继续上述过程，产生新的近似36°角。一直重复以上过程，直到视觉上感觉不到有可以改进的地方。这样的重复只需进行3～4次。

将充分精确五等分后的三角形折叠成上图左边的式样。注意上下有大小不同的两个相似三角形，图示为以较大的三角形朝上摆放的情况。

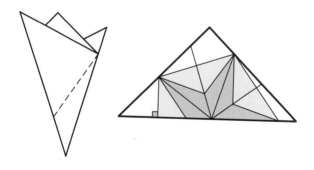

从钝角顶点向对边作高剪开，得到一个正五边形。

从正五边形的一个顶点连续作5条对角线就得到正五角星。将纸复原折叠状态后，沿着五角星的一条边剪开，可以一剪刀得到正五角星。更精确的办法就是用美工刀沿五角星轮廓刻走一遍。

如果将得到的五角星五个角依次与对面的凹角对折，发现折痕正好与原先正五边形的一条对角线重合，并且五道折痕内部又有一个正五边形。对着光看，里面又可见一个小正五角星。形内有星，星内有形，形星相映，层层叠叠，无穷无尽。

数学解读

上面的折法中又一次用了逐次逼近的方法。假使猜测的值离开 36° 的真值为 E（可正可负），那么取其补角的 1/4 作为二次逼近，显然它与 36° 的误差为 $E/4$。

所以经过 3 次到 4 次的迭代，误差将缩小至 $E/64$ 甚至 $E/256$。这是一个迅速衰减的量，导致所需的精度可以迅速达到。

制作一个黄金正五棱锥

活动

3

一个标准的正五角星也是一个正五棱锥的展开图。只要扶起每个角，使它们在空中汇聚一点。嗬，一个正五棱锥出现了！以这样的观点来看，二维的平面图形立刻就可以变为三维的立体。取一小段透明胶带将五个角固定在一起，就可以进一步观察这个五棱锥的奥秘了。

不过也许拿正五边形来制作正五棱锥更牢固些，封口的胶条也容易粘贴。在五角星凹进去的 5 个位置作 5 条山线折痕，顺着折痕收拢五边形的 5 个角就可完成一个五棱锥。如下图所示。

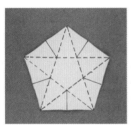  

✍ 数学解读

现在让我们探究这个立体的结构。假设底面正五边形的边长为 1，这个正五棱锥的体积如何计算呢？

容易从正五角星的结构了解到，这个正五棱锥的侧面皆为黄金三角形，棱长为 φ（$\varphi \approx 1.618$）。底面的正五边形中心与五边形各内角距离为 1/（2sin36°）。于是由勾股定理，这个正五棱锥的高为 $\sqrt{\phi^2 - \dfrac{1}{4\sin^2 36°}} = \sqrt{\phi^2 - \dfrac{1}{4 - \phi^2}} = \sqrt{\dfrac{\phi + 1}{3 - \phi}}$。

再谈五角星

折一个立体的五角星

在第 7 届科学数学与教育折纸大会（7OSME）上，有一个作者亲授的吸睛作品展示于墙报栏上，这是一个用半透明的正五边形纸折出的一个立体的正五角星，犹如一个灯罩，在背光下优雅得有些美轮美奂。

这个作品叫吹气五角星 (Pentagonal puff star)，作者 Alessandro Beber。折制这个作品并不困难，只需一些耐心和细致的操作。作品的折痕图（不区分山和谷）包含 40 条线非常有规律的折痕线：每个角 5 条等分线（共 20 条），每条边有两条平行折痕（共 10 条），此外还有 5 个"飞镖"（共 10 条折痕）。这些折痕线彼此交成的角都和 18° 角有关。

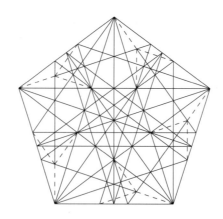

制作这些折痕前先要有一张较大的正五边形纸。下面便是从 A4 纸开始制备正五边形和折出折痕的过程。

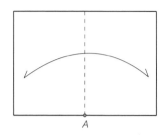

步骤 1 取一张 A4 纸，将长边对折，找到一边的中点，标注为 A 点，打开。

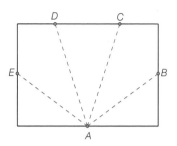

步骤 2 在 A 点用逐次逼近法折出所在平角的 5 等分线，记作 AB、AC、AD、AE。

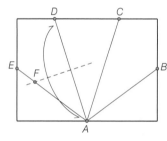

步骤 3 将 C 点折到 A 点，标注 D 点落在 AE 线上对应点 F。

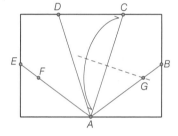

步骤 4 将 D 点折到 A 点，标注 C 点落在 AB 线上对应点 G。

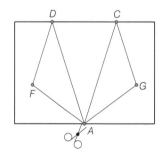

步骤 5 折出 DF、GC 并沿着 D-F-A-G-C 的轮廓线剪下五边形。

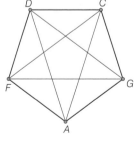

步骤 6 折出另外 3 条对角线：FG、GD、FC。

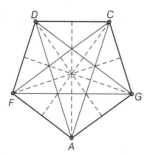

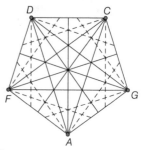

步骤 **7** 折出 5 条中轴线。

步骤 **8** 折出 10 条 18°角分线。

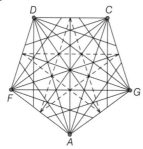

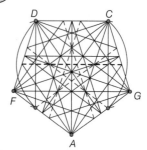

步骤 **9** 折出 5 条梯形中位线，它们构成大五边形的中点五角星。

步骤 **10** 折出 5 条 18°线的连线。

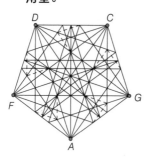

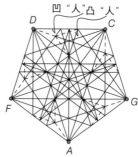

步骤 **11** 折出 5 个飞镖形谷折线（共 10 条折痕线）。至此 40 条折痕完成。

步骤 **12** 利用"二人转"口诀在每边完成折叠动作。

注 凸"人"是指绿色的三条山线构成的折痕组合；凹"人"指红色虚线构成的折痕组合；"转"指蓝色虚线表示的谷折折痕。口诀是：先凹，后凸，最后转。

步骤
13　整理平整，完成。

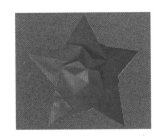

单元思考

　　如图所示是从正方形一刀剪出五角星的一种近似方法。这样剪出的五角星在第 4 步得到的折痕与底部边缘夹成多少度角呢?

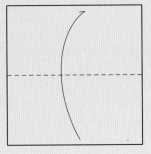

步骤
2　折左下角 45° 角分线，只在中间压出折痕，打开。

步骤
1　彩色面朝下，对折下边至上边。

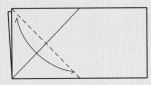

步骤
3　折左上角 45° 角分线，只在中部压出折痕，打开。

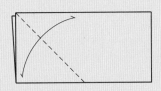

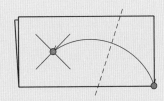

步骤
4　右下角折至两道折痕交叉点。

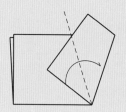

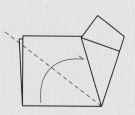

步骤 **5** 将折起的角反向对折。

步骤 **6** 将左下角折至纸的边缘。

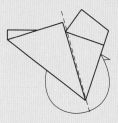

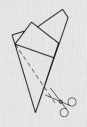

步骤 **7** 翻面，将纸对折产生角分线。

步骤 **8** 沿最上层三角形长直角边中线剪开所有层。

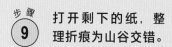

步骤 **9** 打开剩下的纸，整理折痕为山谷交错。

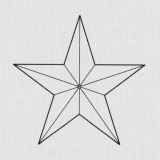

答案：由下图所示，可以看出两个标记角相等，该角值为 $\tan^{-1}3 \approx 71.56°$。这是 36° 二倍角的一个不错的近似值。

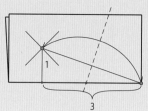

PART 8

鳖臑、阳马和堑堵

这个话题出自中国古代的一部数学经典著作《九章算术》。书中第五章《商功》讲述了一个事实："邪解立方得二堑堵；邪解堑堵，其一为阳马一为鳖臑。阳马居二，鳖臑居一，不易之率也。"这里出现的一些术语是关于几种特殊的立体多面体名称。"立方"指长方体，"堑堵"是直角三棱柱，"阳马"是长方形为底的直角四棱锥，"鳖臑"则是每个面都是直角三角形的三棱锥。

只用一张正方形的纸便可以折出鳖臑、阳马和堑堵，并且用它们三个拼出正方体。这听起来有些令人难以置信，不过这不是玩笑话，是铁真真的事实。

那就让我们开始见证这个奇迹吧！

将正方形的纸裁切为合适的三片

活动 1

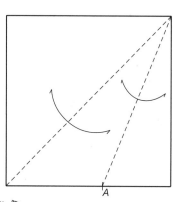

步骤 1 折出一条对角线和一条 22.5°线，并标注 22.5° 线与底边的交点 A。

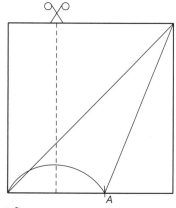

步骤 2 将左边与点 A 对折，沿折痕裁开，记这条细长的长方形为 1 号纸片。

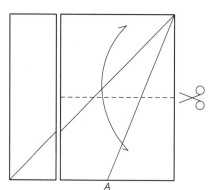

步骤 3 将右边较大的一片上下对折，裁开，得到的两片等大的长方形，记为 2 号和 3 号纸片。

现在的 1 号 2 号 3 号长方形纸片长宽比各为多少呢？

有裁纸过程及角平分线定理，活动 1 中 A 点分所在边为的两段，所以裁切位置（距离左边）为：

$$\frac{1}{2} \cdot \frac{\sqrt{2}}{\sqrt{2}+1} = 1 - \frac{\sqrt{2}}{2}$$

可见，2 号和 3 号长方形的长宽比为：

$$\frac{\sqrt{2}}{2} : \frac{1}{2} = \sqrt{2} : 1$$

故而 1 号长方形长宽比为：

$$1 : \left(1 - \frac{\sqrt{2}}{2}\right) = \sqrt{2} : \left(\sqrt{2} - 1\right)$$

下文将显示，这样比例的 3 个长方形刚好能够折叠出配合默契的鳖臑、阳马和堑堵。

折出鳌臑

取 1 号长方形开始以下步骤。

步骤

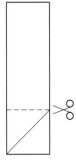

从纸条的一头截去一个正方形。

注 请勿丢弃，此正方形在活动 4 将派用场。

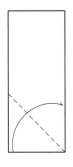

折起左下角的角分线。

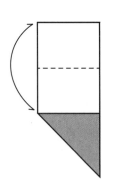

对折上边与折起角的一边，产生折痕后打开。

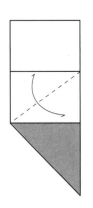

折出中央长方形的一条对角线，产生折痕后打开。

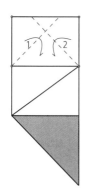

步骤 5 依次折出上方长方形下部两个角的 45°角分线。

步骤 6 将锐角折向钝角。

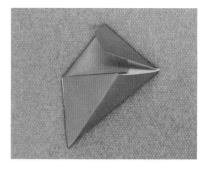

步骤 7 将上层尖角折向右边钝角顶点。

步骤 8 将上步折起的三角形插入到上部三角形底下。

步骤 9 将上部的自由端插入它所对的三角形洞眼，锁定结构。

步骤 10 整理平整，完成。

☝ 数学解读

　　鳖臑不是一个面对称的立体结构，也就是说它和它的镜像并不全等。与上面制作方法镜像得到的鳖臑就是另一种。或者把按照以上步骤制作完成的鳖臑打开，所有折痕都反一下，山变谷，谷变山，也可完成一个镜像鳖臑。

　　那么如何用简便方法区分并命名这两个彼此镜像的鳖臑呢？

　　在以上制作完成的鳖臑上可以发现 3 条两两垂直的棱，它们首尾相连形成"三节棍"的效果。用右手无论从哪头找到两节顺手握拳，拇指的方向指向了第三节棍的走向。所以我们可以称上述鳖臑为一款右鳖臑。

　　如果做一个镜像的鳖臑，完成的鳖臑上也可以发现 3 条两两垂直形成"三节棍"效果的 3 条棱。这时用左手从三节棍一头找到两节，顺手握拳，发现拇指的方向也指向了第三节棍的走向。称此鳖臑为一款左鳖臑。

　　左右鳖臑刚好可以拼成一个完美的面对称立体结构——阳马。

折出阳马和堑堵

活动

3

上节已经提到，阳马其实是左右鳖臑的拼合体。《九章算术》告诉我们，堑堵则是一个阳马和一个鳖臑的拼合体。那么如何用剩余的两张等大的纸折出一个阳马和一个堑堵呢？因为折法开始部分相同，这里"先合后分"统一介绍它们的折法。

步骤

步骤
1
（对2号、3号长方形）
折出两条45°线。

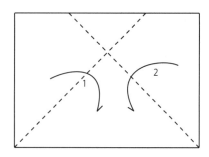

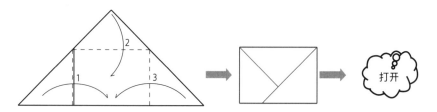

步骤
2
（对2号、3号长方形）依次折叠3条折痕，折出"信封"基本型，然后展开。

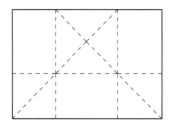

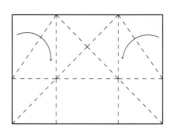

步骤 3 （对2号、3号长方形）按照原位置将所有折痕改为谷线。

步骤 4 将2号长方形纸片的左上、右上两个长方形的相应对角线折叠。

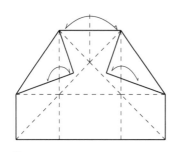

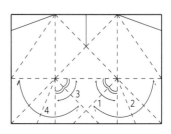

步骤 5 折起两角至与底层纸面折痕齐平，然后将顶部倒三角向后对折，将纸全部展开。

步骤 6 先折标记1的45°角分线，保持。再折标记2的67.5°角分线，打开。重复操作3和4的两条角分线。打开。

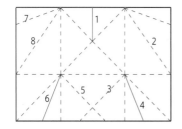

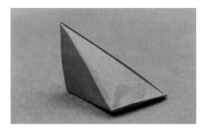

步骤 7 按顺序实现折痕。
注 折痕2压住折痕1；折痕7由山变谷向前折；折痕8最后压入折痕2下面，锁定结构。

步骤 8 阳马完成。

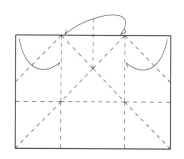

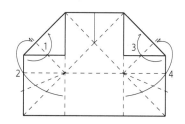

步骤 **9** （对3号长方形纸片）过竖线的顶端，折起左上右上方两个角至竖线。再将两竖线的顶端向后对折，产生折痕。

步骤 **10** 依次折4条角分线，完成后展开。

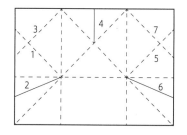

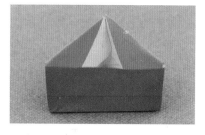

步骤 **11** 按编号依次实现3号长方形纸片的9道折痕。

注 实现折痕5和9时会使局部折痕方向改变。

步骤 **12** 完成堑堵盒。

4 组装

现在可以将阳马和鳖臑放入堑堵盒子里了！

步骤 1
先找到鳖臑的一个等腰直角三角形面，让它与堑堵盒子的底部贴合放入。

步骤 2
找到堑堵盒一个完全没被遮挡的正方形侧面，将阳马的底部正方形贴合它放入。

注 放不进时，有可能需要将阳马的正方形面适当转动90°再尝试放入。

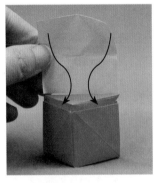

步骤 3
将活动2第一步产生的正方形一半插入堑堵盒，上面的一半贴紧盖口折出3条轮廓折痕。

步骤 4
将两个折角藏入堑堵盒的前面缝隙中，锁定套盒完成组装。

好玩的"折"学

80

活动

游戏

有了这么一组纸积木，我们就可以玩玩摆积木的游戏了！

步骤

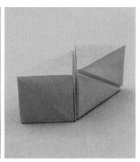

玩法
1
组一个正方体、一个三棱柱以及一个平行直角四棱柱。

玩法
2
挑战阳马在下鳖臑在上的放法。
解题思路提示：对于右鳖臑，要让阳马占据堑堵的左后方正方形面。左鳖臑反之。

进阶思考题

1. 可否通过观察堑堵盒中的阳马与鳖臑密切砌合的关系，直接说出阳马、鳖臑上的每一个二面角度数？

答案：可以。有 45°，60°，90°，120°这些种类的二面角。

2. 开篇提到的《九章算术》第五章《商功》中的那段话什么意思？

答案：如果把长方体沿着对角面斜着切开，可以得到两个叫作堑堵的三棱柱。将每个堑堵三棱柱沿着底部锐角顶点和顶部斜对的边形成的平面切开，可以得到一个叫阳马的四棱锥和一个叫鳖臑的三棱锥。不论长方体的形状如何，阳马总是鳖臑体积的 2 倍。

PART 9

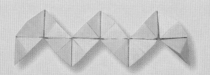

萨默维尔四面体

如果你有幸造访著名的牛津大学，一定要去萨默维尔学院（Somerville college）走走。100多年前有一位女性萨默维尔（也是牛津大学的第一位女性数学家）就在这里工作过。就是她于1923年发现了4种可严格填充空间的四面体（ST1～ST4）。填充空间（space tilling）是平面镶嵌（tessellation）在三维空间的拓展。与二维不同的是，space tilling所用的零件是三维的，所以也更为困难。如果要求这些三维零件彼此以面重叠的方式堆砌，称为是严格的填充空间。那么一个最基础的问题是，三维空间最简单的四面体哪些可以严格地填充空间呢？不幸的是，正四面体是无法独立填充空间的。在这一点上，连希腊的哲学家亚里士多德也曾犯过错。他误以为正四面体和正方体都可以独立填满空间。并且他的错误误导了人类认识达2000年之久！

本章介绍4种可严格填充空间的四面体的结构和每种四面体的纸结构制作方法，同时重点来介绍它们填充空间的道理。萨默维尔对填充空间四面体的研究为后人开发吉本（Yoshimoto）方块提供了坚实的理论基础。而本文的折纸实现又为该玩具纸质化提供了有益补充。希冀读者能仔细品味出其中的奥妙。

ST1 四面体

图 1 显示的就是第一个萨默维尔发现的四面体（ST1）展开图和实物模型照片。制作这个四面体还没有找到什么特别好的方法。建议读者绘制并剪下一个这样的六边形展开图，按照图中虚线折痕围出 ST1 四面体。为了使最终的四面体结构稳定，还需要考虑留出黏合边。在六边形外轮廓隔一条边预留一个黏合边即可轻易完成一个 ST1 四面体。

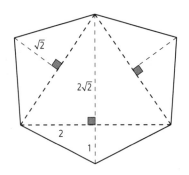
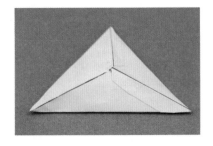

图 1

由图 1 上标注的尺寸可见，构成 ST1 这个四面体的每个面都是一个等腰三角形，并且它们的边长仅涉及了 1 到 5 的平方根。

还需指出的一点是，作为实物四面体底部的大等腰三角形，可以用一张 A4 纸（或 $\sqrt{2}:1$ 的任何长方形）的长边中点与另一条长边构成。这个三角形一旦确立，展开图的六边形也就不难绘制了。因为可以在已经确立的三角形上找到所需的所有长度，借助这些线段长绘制外围的三角形，让图形来向外扩展成六边形就完成了。

完成了 ST1 四面体以后，就来到了要回答的最重要的问题，为何这个四面体能填充空间呢？

为了说明问题，需要再制作一个与之全等的 ST1 四面体。

当我们用两个 ST1 四面体沿着它们最长的棱（长度为 4）拼组，形成图 2 的样子时，思路就可以迅速打开了。

图 2

贴合操作过程有些像给厨房的灶台贴瓷砖。当我们把两个零件上边长为 $4-\sqrt{5}-\sqrt{5}$ 的那个三角形上抹上"灰浆"，彼此贴合后就得到了图 2 所示的多面体。

请仔细观察这个多面体！你看出了吗，这个新的多面体在拼合棱上像是拼出了一个 90° 的二面角？

这个猜测是否可靠呢？对于我们后续的研究有任何价值吗？

的确如此！正是这个观察有助于问题的全面解决。

在图 1 中，展开图中轴线上 1 和 $2\sqrt{2}$ 两段线段最终形成四面体最长棱上二面角的平面角。而且它们与 $\sqrt{5}$ 的棱线围成一个三角形。记这个角为 α，由余弦定理计算得

$$\cos\alpha=\frac{1+8-5}{4\sqrt{2}}=\frac{\sqrt{2}}{2}, \quad \alpha=45°$$

这就证实了我们的猜想：拼合成的多面体在拼合棱上构成直角二面角（两个 45°）。

由此我们可以进一步计算出图 2 多面体上处于隔空遥相呼应的两点距离，正是一个等腰直角三角形的斜边长，等于 $2\sqrt{2}$ 的 $\sqrt{2}$ 倍，即 4。

ST2 四面体

四面体的形状可由其六条棱唯一确定，上面最后一条棱长 4 的确立就让我们可以放心地贴第三、第四块瓷砖了。而四块 ST1 瓷砖完美地拼出了一个新的四面体——ST2。

我们用 ST1 定义了新的四面体 ST2。原来，这个萨默维尔发现的第二个四面体 ST2 是每个面都是 $2-\sqrt{3}$ $-\sqrt{3}$ 的等腰三角形围出的四面体。显然，这个四面体更对称些。

👆 **数学解读**

那么怎么用纸构造这样一个完整的 ST2 四面体呢？这个四面体又为何能填满空间呢？

其实，我们还没有回答为何 ST1 能填满空间的问题。不过，如果 ST2 能填满空间，ST1 就不言自明了。

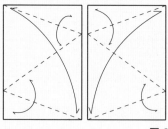 

图 3

正如前所述，$2-\sqrt{3}$ $-\sqrt{3}$ 等腰三角形是 A4 纸的一条长边中点与另一长边构成的三角形，用 A4 纸来构建 ST2 是最省力快捷的。

如图 2，用 A4 纸对裁两次得到的 A6 纸来构建。每张分别折出对角对合线，再裹折出一个等腰三角形，就得到一个零件。第二个零件镜像来完成。两个零件彼此扣合，上下边多余的部分留在外面，就得到 ST2 了！

这个建构方法为何得到的是 ST2 呢？

首先，由于长方形纸叠合的原因，纸面上出现了两个全等的等腰三角形。按面积不变可确立每个等腰三角形的底腰之比是腰上高与底上高之比。设长方形长宽各为 $\sqrt{2}$ 和 1，则该等腰三角形的底腰之比为 $1:\dfrac{\sqrt{3}}{2}$，或简化为 $2:\sqrt{3}$。4 个这样的等腰三角形当然围出的四面体就是 ST2 了。

那么，ST2 为何可以填充空间呢？

与 ST1 填充空间类似，我们来"搭个架子"证明它。

先要制作三个相同大小的 ST2。

接下来把它们彼此位置关系摆放成如图 4 的样子。

从图 4 可见，左边四面体和中间四面体以一个面彼此贴合，形成互为镜像的效果。根据上面的分析和讨论（ST2 四面体长棱为 90°二面角），这两个四面体与桌面也是贴合的。换句话说，它们共同构成一个底面为菱形的四棱锥。

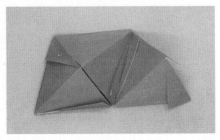

图 4

右边的四面体与左边的四面体共置于桌面。由于有一条棱接触，且前边的棱线共直线，所以右边四面体可视为左边四面体平移的结果。根据刚体平动的道理，对应的制高点之间距离就是平动的位移距离。于是，根据四面体由六条棱决定这个豁口刚好可以嵌入一个 ST2。将右边的四面体移除重新放入豁口位置，得到图 5。

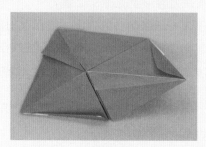

图 5

　　观察图 5 这个多面体。首先，发现它有两个菱形的侧面和一个平行四边形侧面（平行四边形的判定是根据对边平行且相等）。由此可判定这是一个有 3 条侧棱彼此平行的 5 面体。其次，由于剩下的相对的三角形侧面不但全等而且平行，所以我们可得出结论，这个 5 面体实际上是一个斜三棱柱。

　　作为任何三棱柱，可用它来填充空间这件事是显而易见的。事实上，为了更加清晰表述这个观点，可将图 6 中的斜三棱柱关于其平行四边形的侧面镜像反射一下。猜猜看，会得到什么？

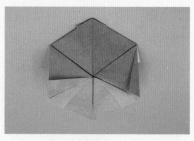

图 6

　　我们竟然得到一个平行六面体！可以拿它当作一块长方体的砖块，于是不断在其上下左右平移自己，就可以朝某个方向扩展出去！所以，ST2 可以填充空间的事实确凿了。

ST3 四面体

接下来就该 ST3 登场了！这位四面体新成员长什么样呢？又是从何而来呢？

其实要描述 ST3 非常直观：只要将 ST2 沿正中对称面切开，就可得到两个全等的新的四面体——ST3。因为它来自的"母体"可以填充空间，它的填充空间属性毋庸置疑。换句话说，当把两个 ST3 先合二为一复原为 ST2，接下去这样的复合体就可以随着 ST2 来填充空间了！

所以，仅剩下的问题是如何制作这样的四面体。只有制作这样一个模型来把玩一番，才能认识它。

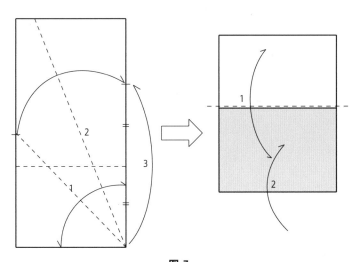

图 7

步骤 1 找来一张正方形纸，将它对裁成两块同一大小的长方形，然后照上面图示折叠。

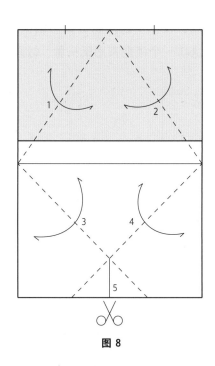

图 8

步骤 **2** 照图 8 操作。具体操作说明：先将上边的两角在中点处折叠，折痕经过水平中分线的相应边端点。接着，将下边两角对齐中分线折出两道 45°角分线，打开。最后再沿着纵向的中轴线将下边剪开至两条对角线的交叉点。

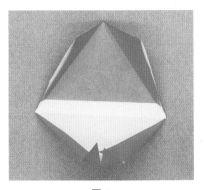

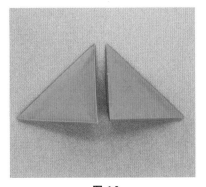

图 9 图 10

 步骤 3

最后，我们来完成 ST3 模型的总装。参看图 9：经过水平中分线的两端，分别将左下角和右下角折起适当的角，使得折痕与近旁的 45°折痕线夹成与上方的边与中线的夹角等同的角。然后，根据箭头所示，先将上边的两个直角三角形的短直角边对齐靠拢，然后将下方的四边形"小手"依次插入折角的夹层中。即大功告成。

做两个这样的四面体。可拼出它们所来自的母体的样子，如图 10。

 活动 4

ST4 四面体

四兄弟中的最后一位登场了。

在图 10 中的两个 ST3 是按照它们从 ST2 切开的缝隙摆放的，也就是按照 ST3 的等腰直角三角形面来贴合的。如果改变一种摆法，以非等腰的直角三角形面贴合就得到了图 11 中的新的四面体图形——ST4。

依旧是要问同样的问题，ST4 如何通过折纸来实现？它有怎样的几何特征？它为何也可以独立填充空间呢？

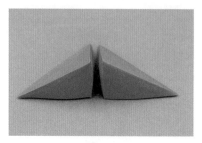

图 11

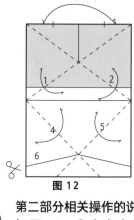

图 12

步骤 1

先来回答第一个问题。折出 ST4 仍沿用 ST3 的纸张要求，即半张正方形的纸。第一部分的折法也相同，即根据图 7 将纸变成上中下三部分，上中折起成双层。

接下来，根据图 12 来完成第二、第三部分的折法。

步骤 2

第二部分相关操作的说明：如图 12，①先向上折出上半部分长方形的两条对角线；②打开再折出一小段中轴线，注意是山折；③折出下半部分长方形的两条角平分；④接着沿着中轴线剪开下边一小段至角分线交点；⑤参考上半部分的标记折起下边两个折边，以便于藏入时不顶。

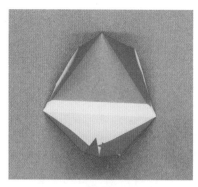

图 13

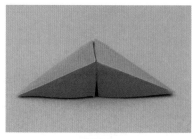

图 14

步骤 3

第三部分操作说明：如图 13，先将上部长方形依折痕收至下方三角形内，再将下方的左右两角微微折起，依次塞入夹成缝隙中，整理平整，完成如图 14。

这么折出的结构为何就是 ST4 呢？

这就需要验证一下是否它的六条棱符合"$\sqrt{3} - \sqrt{3} - \sqrt{3} -2-2-2\sqrt{2}$"的关系。事实上，由该结构的四个面在原纸上的分布（图15），可显而易见发现 6 条棱关系的确如此。

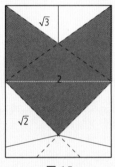

图 15

ST4 可填充空间的理由是什么呢？

让我们制作 12 个同样大小的 ST4，就可以发现它们可拼出一个正方体！这就充分说明了问题。而且，如果把它们彼此适当的公共棱线上用胶带链接，就可以得到吉本魔方的一种，如图 16（参见《奇妙的数学折纸》第 2 册）。而如果将 12 个 ST3 也构造一个环结构，则单环可形成半正方体，两个环联合形成正方体。这就是第二种吉本魔方，属于后话了。

图 16

PART 10

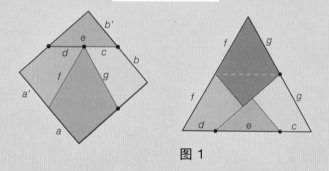

图 1

1/ $\sqrt[4]{3}$ 与杜登尼切割

杜登尼切割是一个已有百年历史的古老的谜题。这个饶有趣味的切拼游戏是由英国人亨利·杜登尼在 1907 年发现的。这个谜题将一个面积为 1 的正方形木板巧妙地切割为 4 块，然后用铰链将它们链接成一串。该装置绕着铰链的位置旋转，可从正方形渐变为一个完美的正三角形（图 1）。然而令人深感遗憾的是，一百年来中国国内鲜有人把这个美妙的切割商品化，或是在学校数学探究活动课中讨论。为了了此缺憾，本文介绍折纸产生长度 1/ $\sqrt[4]{3}$ 的方法，然后借此给出通过精确折纸产生杜登尼切割的步骤。最后给出一个近似的折剪法，将杜登尼切割在理想的精度范围内轻松实现。

本文提供的方法既可以成为开发教具、玩具的参考，也为开发一节初中生数学探究课提供思路。

确定杜登尼切割的各条切割线

先将图 1 中首尾两图关键线段用字母标识，得到图 2。从比较前后两图中同一线段的位置可发现神秘切割的一些端倪。

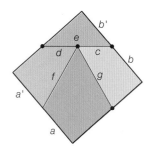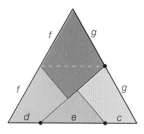

图 2

从图 2 中两个图形同为面积 1 及正三角形面积公式 $S = \sqrt{3}\, a^2 / 4$，得到方程 $\sqrt{3}\, a^2 / 4 = 1$。解此方程可知正三角形的边长为 $2 / \sqrt[4]{3}$。

再由图 2 左观察到蓝色直角三角形斜边 e 与绿色橘黄色四边形的两条较短边之和 $c + d$ 相等，$e = c + d$。再由图 2 右看到这三条边 $c + d + e$ 拼成了正三角形的边长，即 $c + d + e = 2 / \sqrt[4]{3}$，用 $c + d$ 替代 e，算得 e 为正三角形的边长一半，即 $e = 1 / \sqrt[4]{3}$。

进一步观察图 2 右，蓝色直角三角形直角边 b' 与毗邻的橘色四边形的 b 边叠合，而左图中 b、b' 拼合成正方形的一边，于是蓝色直角三角形的斜边右端点恰为正方形的边中点。

这样就由斜边直角边定理，确定了蓝色直角三角形的切割方法。

同理，$a = a' = b = b'$。绿色与粉色之间切割线也刚好经过正方形的边中点。

再比较从左图到右图变换的过程发现 $f' = f$，$g' = g$。所以右图中粉色四边形的一条较短对角线恰为等边三角形的中位线，从而长

度也是 $1/\sqrt[3]{3}$。由此推得这条对角线上部的三角形为等边三角形，而下部的三角形与蓝色直角三角形全等（$A\cdot A\cdot S$）。

这些信息可以帮助我们找到 c、d 两段的分界点：粉色四边形的对角线之中垂线与蓝色直角三角形斜边的交点。

所以从以上分析可知，如果要通过折纸来实现这个切割，关键是要找到折出蓝色直角三角形斜边长，即 $1/\sqrt[4]{3}$ 的办法。

活动 2 从一个正方形折出 $1/\sqrt[4]{3}$ 并证明折法的正确性

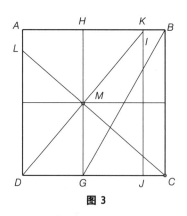

图 3

如图 3，解答图中 CM 长即为所求。具体解答步骤见下文。

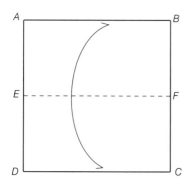

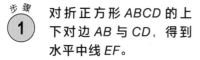

步骤 ① 对折正方形 *ABCD* 的上下对边 *AB* 与 *CD*，得到水平中线 *EF*。

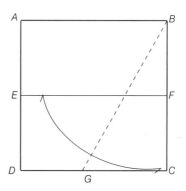

步骤 ② 将右下角 *C* 折叠到水平中线 *EF* 上，同时让折痕经过右上角 *B*，标记折痕 *BG* 与底边相交点 *G*。打开折痕，$CG = 1/\sqrt{3}$。

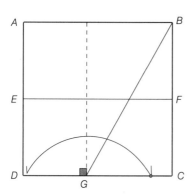

步骤 ③ 经过 *G* 折叠使得正方形左下顶点 *D* 落在同一边上的 *J* 点处，折痕记为 *GH*。

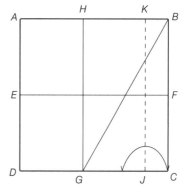

步骤 ④ 经过 *J* 折叠使得正方形右下顶点 *C* 落在同一边上某处，折痕记为 *JK*。

注 *GH* 成为 *AD* 与 *JK* 之间的中位线。

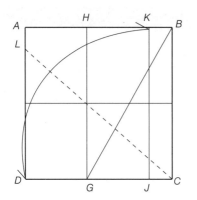

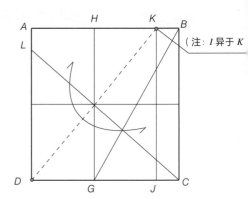

（注：I异于K）

步骤 5 经过 C 折叠使得正方形左下顶点 D 落在 JK 上 I 处，折痕记为 CL。

步骤 6 经过 D、I 两点折出折痕 DI。记 CL、DI 交点为 M。

注 M 作为 DI 中点，必落在中位线 GH 上，且 CL 作为 DI 中垂线，可知 ∠DMC=90°。

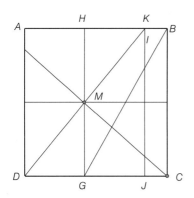

步骤 7 线段 CM 长即为 1/$\sqrt[4]{3}$。

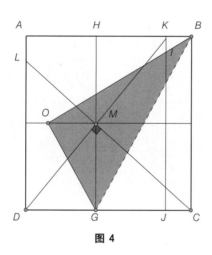

数学解读

证明折法的正确性

先证明折法中第一个断言 $CG=1/\sqrt{3}$。

如图4，再次实现折痕 BG，设 C 点到达 EF 上 O 处，连接 OC。由于 EF 垂直平分 BC，故 $OB=OC$。又 BC 折叠到达 BO，故 $BC=BO$。于是 $OB=OC=BC$，从而三角形 OBC 为等边三角形，由此 $\angle OBC=60°$，$\angle GBC=30°$，$CG=\tan30°$，$BC=1/\sqrt{3}$。

图4

再证明第二个断言，即 $CM=1/\sqrt[4]{3}$。

在 $Rt\triangle DMC$ 中，MG 为斜边上的高，由射影定理，$CM^2=CG$，$CD=1/\sqrt{3}$。故 $CM=1/\sqrt[4]{3}$。

活动 3 通过折纸实现杜登尼板的精确切割

> **注** 由于细微折纸操作上的不便，下面的解答过程采用了圆规和直尺辅助。

材料 15cm × 15cm 双色纸，圆规，刻度尺，美工刀与切割垫板。

步骤

步骤 1 对折纸的上下边，打开。

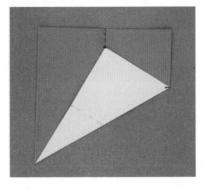

步骤 2 经过右下角将右上角折至中心线上，标注折痕在上部边缘的位置后打开。

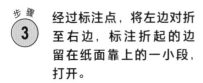

步骤 3 经过标注点，将左边对折至右边，标注折起的边留在纸面靠上的一小段，打开。

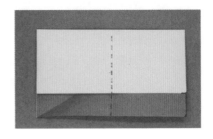

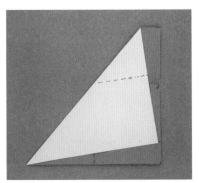

步骤 4 经过右下角将左下角折至第 3 步的标注线上，产生折痕后打开。

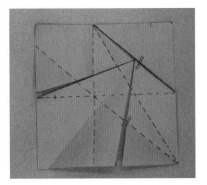

步骤 5 以步骤 1 中水平折痕右端为圆心，步骤 3、4 折痕交点至右下角的距离为半径作弧交顶部边缘于一点，联结弧在顶部边缘的交点与弧的圆心。

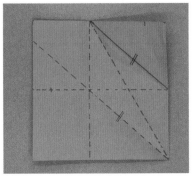

步骤 6 沿着步骤 5 所画的线切开。

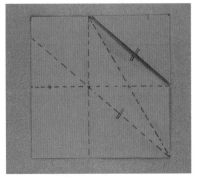

步骤 7 将切下的直角三角形旋转 180°置于左下角使两直角重合，标记两锐角的位置，移去该三角。

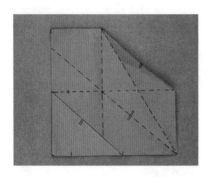

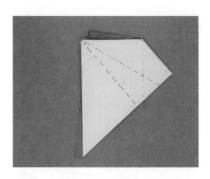

步骤 8 将纸面上两个标记点对合折叠，打开。标注折痕与切痕边缘交点。

步骤 9 依次联结步骤 8 的标注点与步骤 7 的两个标注点。

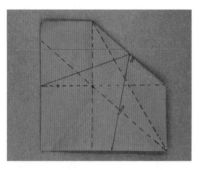

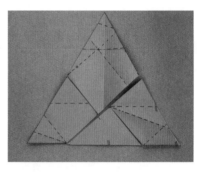

步骤 10 沿着步骤 9 的两条连线切开，将全部 4 块多边形拼出正方形。

步骤 11 将四块尝试拼出正三角形。

步骤 12 通过叠合比较，测试 3 块四边形的元件中是否都有一个 60°角。

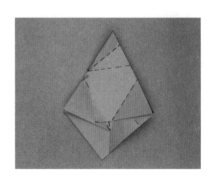

问题 1：步骤 10 中的两道切痕是否相等呢？

答：是的。首先由第 8 步得到的折痕是对合点连线的中垂线。再利用线段中垂线性质，中垂线上点到线段两端距离相等可知步骤 10 中两道切痕相等。

问题 2：切出的 4 块拼出的三角形确实是等边三角形吗？

答：是的。第一道切痕长度为 $1/\sqrt[4]{3}$，拼出的等腰三角形底边为 $2/\sqrt[4]{3}$ 面积为 1。设底边上的高为 h，则 $1=\dfrac{1}{2}\dfrac{2}{\sqrt[4]{3}}h$，故 $h=\sqrt[4]{3}$，由勾股定理，腰长 $=\sqrt{\left(\dfrac{1}{\sqrt[4]{3}}\right)^2+\left(\sqrt[4]{3}\right)^2}=\dfrac{2}{\sqrt[4]{3}}$。可见这是一个腰与底相等的等腰三角形，即等边三角形。

问题 3：比较图 4 中 CM 与 FH，求如果以 FH 代替 CM，产生的相对误差是多少？

答：FH 作为 RT $\triangle FBH$ 的斜边，可由勾股定理算得：

$FH=\sqrt{HB^2+BF^2}=\sqrt{1/4+1/3}=\sqrt{7/12}$。相对于真值 CM，FH 与 CM 很接近，相对误差为：$|FH-CM|/CM=\dfrac{7\sqrt{3}}{12}-1 \approx 0.010$。

由此，我们得到了切割蓝色一块直角三角形的近似方法。

活动 4 一个杜登尼切割的近似生成方法

　　如何利用活动 3 的答案得到一个杜登尼切割的近似生成方法？解答：相当于在图 4 中用 *FH* 代替 *CM*，这样可大大简化折纸过程。具体作法如下。

材料　15cm × 15cm 双色纸，美工刀，直尺。

步骤

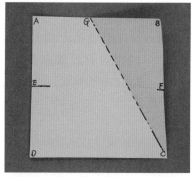

步骤 1　将正方形的 *AB* 边与对边 *CD* 边对折，打开。记折痕为 *EF*。

步骤 2　经过右下角 *C* 点将右上角 *B* 点折至中心线 *EF* 上，打开。记折痕为 *CG*。

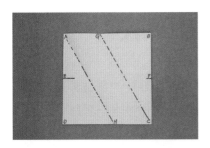

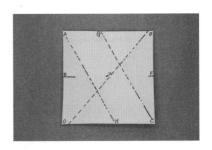

步骤
3
经过左上角 A 点将左下角 D 点折至中心线 EF 上，打开。记折痕为 AH。

步骤
4
将 H 点折向 E 点，折痕记为 I。

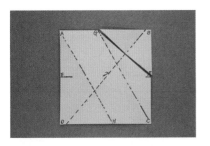

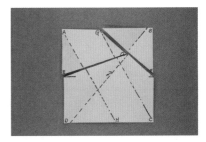

步骤
5
沿着 F、G 连线切开，得到组件一——直角三角形 BFG。在剩余的纸上标记切痕与 I 的交点 O。

步骤
6
沿着 O、E 连线切开。得到组件二——四边形 AGOE。

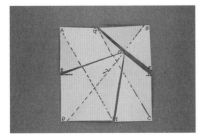

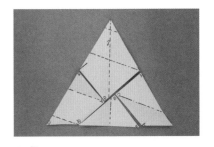

步骤
7
沿着 O、H 连线切开。得到组件三——四边形 OEDH 和组件四——四边形 OHCF。

步骤
8
完成。

注 这个三角形并非精确的正三角形，但是误差很小，相对误差为 1%。

铰链的设计与安装

虽然木板组件之间容易安装专业的铰链，但其实纸片之间加装链接结构更容易。制作铰链所需材料仅是易于撕破的纸质单面胶带和打包用塑料绳。前者可以在文具店买自黏性标签，后者则更是常见的文具。

步骤

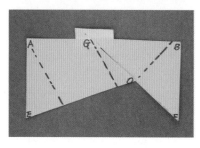

步骤 1
如上图，取一片单面胶面朝上置于桌面。

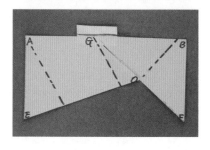

步骤 2
取一截打包带贴于胶条中心线上。

注 必要时可将打包带劈成稍细的细丝，以便于转动。

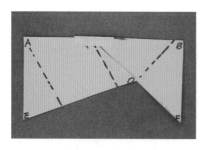

步骤 3
将要连接的两片组件对齐中心线放好。如上图，将上方的单面胶条裹住打包带贴于组件上方纸面。

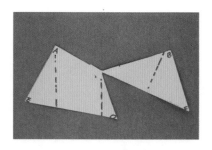

步骤 4
如上图，剪去两边多余的打包带。沿着组件之间原来的接缝撕开单面胶。

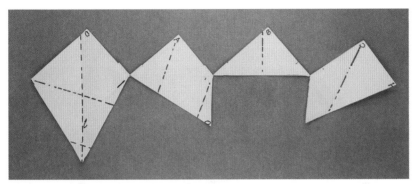

步骤 ⑤ 完成所有三处需要加装的铰链。

结语

　　本案例在培养学生观察和思考方面着力较多，动手部分并不困难。活动 4 涉及了一些工程思维，材料的选取和操作步骤的设计对于提升学生在真实情境下的问题解决能力大有裨益。有数控激光雕刻机的辅助下，这个谜题还可以制造成玩具。

　　此外值得深入思考的问题还很多，例如每块组件的边和角的精确计算，铰链安装的其他可能，这些留给有兴趣的读者作进一步探究。

PART 11

图 1　八角金盘和蒲公英仿生灯饰

从八角金盘的对称美谈起

　　在自然界，八角金盘是一种富含数学美的神奇植物。它的花以及果实都呈球形，而构成大球的又是很多个带"把手"的小球，像棒棒糖。无论大球还是小球，它们一律都排列成均匀对称的样子，令人称奇。除此之外，蒲公英或莲蓬的样子也是如此。它们的外观都很像球体或球体的一部分，并且也都可以分成细小的部分，排布实现了最大效能地利用空间。大自然的这类天工结构被城市景观师们借来设计成艺术的灯具（图 1）。

　　其实，构成这些拼合球状物的局部"零件"还可以用棱锥来模拟。本文就来探寻一下制作与蒲公英的小伞或莲蓬的外观接近的几何形体——棱锥体。

纸带结正五棱锥

观察一个莲蓬，它近似是一个锥体。用收银纸条打一个纸带结，再用它围出一个正五棱锥也许是最便捷地制作一个五棱锥的办法。下面介绍它的制作过程。

材料　任意宽度收银纸条。

步骤

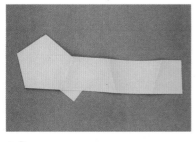

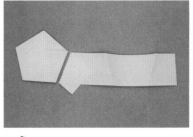

步骤 1　取足够长度的一段纸条，像制作幸运星那样，先打个五边形的纸带结。

步骤 2　拉紧压平纸条再多绕一匝后剪去多余的纸条（总共用纸 5 个梯形）。

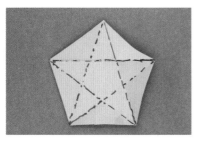

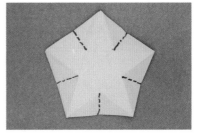

步骤 3　按照谷线依次折出正五边形的 5 条对角线。

步骤 4　翻面，按照谷线折出五条边的中垂线在五角星以外的部分。

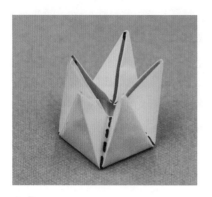 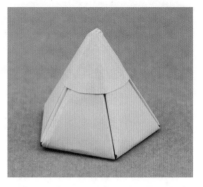

步骤 5 再次翻面，聚拢五个内角到上方一点。

步骤 6 用一小段胶条在锥顶缠裹黏合，完成。

数学解读

作为数学的研究者或爱好者会问，这个模型是怎样的一种结构？它是否能像蒲公英的种子那样聚拢来拼出一个完整的球面呢？

我们自然想到如果上面的猜想是正确的，那结果一定是拼出正十二面体。可惜当我们制作好三个这样的五棱锥，一试就可以发现它们在侧棱上拼不成 $360°$ 的周角。说明这个五棱锥并非正十二面体的面心五棱锥。

正十二面体面心五棱锥

活动 2

利用计算机软件可以设计出正十二面体面心五棱锥的一个展开图（图2）。制作模型方法如下。

步骤

步骤 1

先打印正十二面体的展开图的模板并剪下轮廓。

步骤 2

用划线笔在所有折痕划线。

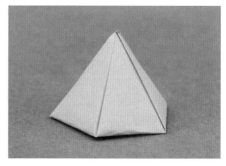

图 2

步骤 3

按照山谷线所示折叠。

步骤 4

用胶水或双面胶带在接缝的地方黏合，完成。

可以通过计算得出上述五棱锥展开图中五角星的每个顶角。具体计算如下：

如前分析，完成的五棱锥在拼合棱上存在三个相等的二面角，它们共同围拢成一个 360° 的周角。可见这样的正五棱锥的一条棱所属二面角的平面角是 120°。

如图 3 所示，AC、BC 同时垂直于 C 所在的五棱锥侧棱，$\angle ACB$ 应该是二面角的平面角，等于 120°。联结 AB，由于 AB 是五棱锥的底面对角线，故可知 $AB=\phi \approx 1.618$.（设底面正五边形边长为 1）。于是 $AC=BC=\phi/\sqrt{3}$，由此容易得出等腰三角形的底角为 $\sin^{-1}\dfrac{\phi}{\sqrt{3}}$，从而顶角的正弦为：

$$2\sin\left(\sin^{-1}\frac{\phi}{\sqrt{3}}\right)\cos\left(\sin^{-1}\frac{\phi}{\sqrt{3}}\right)=2\times\frac{\phi}{\sqrt{3}}\times\sqrt{1-\left(\frac{\phi}{\sqrt{3}}\right)^2}=\frac{2}{3}。$$

从而就可知道所需的侧面顶角应近似等于 42°（前文所述对角线五角星是尖角为 36° 的标准五角星）。

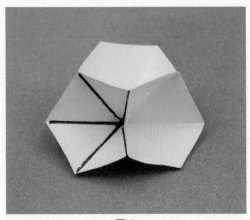

图 3

利用折纸获得$\sin^{-1}\dfrac{2}{3}$

让我们来设计一个折纸的过程，以方便折出$\sin^{-1}\dfrac{2}{3}$这个角。一方面可以不用打印这样的偷懒的方法，另外也让我们体会一下折叠方法的巧妙。

如图 4 所示，在一个格线本上取四条竖线，使得它们之间的三个间隔彼此相等。当我们把最左边的竖线的下边一端折叠到相邻的第二条竖线上，同时让折痕经过第四条竖线的下端。折起的边与第四条竖线之间夹成的角即为$\sin^{-1}\dfrac{2}{3}$，显然是精确折法。

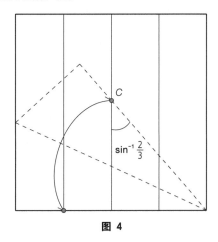

图 4

纸带结正十二面体面心锥

活动 1 所给出的方法有几个优点：一是比较省力，轻易获取正五边形。二是结构受力合理，在底部形成 5 层纸的结构。而沿用这个方法来制作一个正十二面体面心五棱锥也不太复杂。

材料 收银纸条。

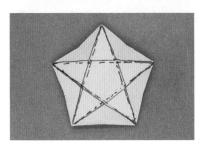

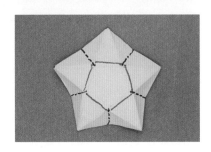

步骤 **1** 同活动 1 的步骤 1 和步骤 2。

步骤 **2** 算出纸条宽度的 1/32，将每条对角线中间越 1/3 向外移动计算出的距离折叠。

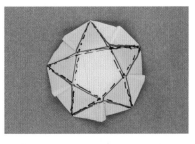

步骤 **3** 将上步得到的正五边形各顶点与邻近的外围五边形顶点连线折叠，得到一个"微胖"的五角星。

步骤 **4** 翻面，以山形折叠五角星以外的边缘中垂线，顺便捏出一个尽可能小的双层小角（以防止顶住底面）。

步骤 **5** 翻面，聚拢外部各个角到中央，以胶带固定顶部。

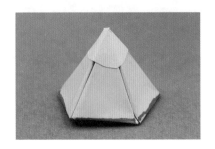

🖐 数学解读

以上方法中，1/32 是一个近似值。它是如何算出的呢？

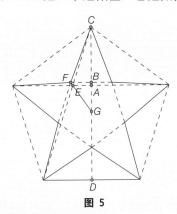

图 5

所需说明的无非是图 5 中 $AB : AD \approx 1 : 32$。

事实上，图中 $AC : AG = \cot 18° / \cot 36° = \sqrt{5}$。而 $BG : BC = \cot\left(\dfrac{1}{2}\sin^{-1}\dfrac{2}{3}\right) / \cot 36°$。可见，$AC : CG = \sqrt{5} / (1+\sqrt{5})$，$BC :$

$CG = \cot\left(\dfrac{1}{2}\sin^{-1}\dfrac{2}{3}\right) / \left[\cot\left(\dfrac{1}{2}\sin^{-1}\dfrac{2}{3}\right)+\cot 36°\right]$。相减得，$AB :$

$CG = \dfrac{\sqrt{5}}{(1+\sqrt{5})} - \cot\left(\dfrac{1}{2}\sin^{-1}\dfrac{2}{3}\right) / \left[\cot\left(\dfrac{1}{2}\sin^{-1}\dfrac{2}{3}\right)+\cot 36°\right]$。

CG 与纸条宽度 d 可经过下面式子转换：$d = CG \cdot 2\sin 36°$ · $\sin 72°$。于是 $AB : d = \left\{\dfrac{\sqrt{5}}{(1+\sqrt{5})} - \cot\left(\dfrac{1}{2}\sin^{-1}\dfrac{2}{3}\right) / \left[\cot\left(\dfrac{1}{2}\sin^{-1}\dfrac{2}{3}\right)\right.\right.$

$\left.\left. +\cot 36°\right]\right\} / (2\sin 36° \sin 72°) \approx 1/32$。

通过 d 的 1/32 这个容易折的长度来作折纸设计，是符合数学和折纸工程学的理念的。

活动 5 组合一个正十二面体和它的星体

活动 1 和活动 4 的成品各制作 12 个，就可用来制作复杂的立体几何模型。这样做的意义，一方面可以研究新的立体图形，另一方面，也是验证所作的理论计算。

步骤 1 先按照活动 4 步骤，制作 12 个同样的五棱锥零件，以侧面相贴合的方式黏合形成正十二面体。

步骤 2 再按照活动 1 方式制作 12 个五棱锥零件，并以底面相贴合的方式与上面的正十二面体球黏合。

数学解读

正十二面体的星体也叫小星形十二面体。它是将正十二面体的棱线延长后交汇产生的十二个交点与原来的十二个五边形面形成的锥体组成的星体。从这个星体上可见每个棱锥周围有一个共面的大五角星，一共有 12 个这样的正五角星。

制作正十二面体魔镜

在德国科学馆里，有一个可以把五边形洞口反射形成正十二面体的展具。它的外观构成是一个截去尖角的正五棱锥。五个全等的等腰梯形镜面形围拢来形成了它的全部组件。现在我们用五片长方形的镜片实现该装置同样的魔幻效果如下图。

材料　3cm × 4cm 树脂反光镜片、透明胶带。

步骤

 按照活动 3 方法折出一个等于 $\sin^{-1}\frac{2}{3}$（近似 42°）的角当作画角工具。

 以五片镜片同一个顶点为角的顶点，长边为始边，画出 $\sin^{-1}\frac{2}{3}$ 角所在的线。

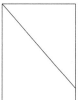
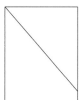

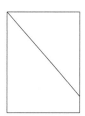

像右图所示的样子用透明胶带固定各个镜片彼此之间的缝隙（相邻镜片夹角为 $\sin^{-1}\dfrac{2}{3}$）。

步骤 4 另外用彩色卡纸制作一个大小适中的正五边形。

步骤 5 将正五边形放置在五棱锥的喇叭口内部，观察物与像构成一个正十二面体。

 数学解读

正十二面体是一个镜面对称的立体图形，它的 30 条棱与对称中心构成了 15 个对称面（一组对棱形成一个面）。而镜面围出的五棱锥侧面三角形的顶角——$\sin^{-1}\dfrac{2}{3}$，镜面之间夹成二面角为 120°。好比镜面围出的五棱锥代替了一个正十二面体的面心五棱锥。而棱锥体底部的正五边形代替了正十二面体的一个面。经过五张镜面的相互反射，观察者看到了它的另外 5 个虚像。这六个正五边（一个实物 5 个像）形刚好构成了一个正十二面体的侧影，似乎在洞口的外面有一个正十二面体了。

结语

本章所作的几个活动充分说明数学工具对于模型制作和科学实验现象解释的重要意义。建议教师采用项目式学习方式指导本章的教学活动。